U0279402

@所有人：这个世界会更好

谈材说料　编

中国建材工业出版社

图书在版编目（CIP）数据

@所有人:这个世界会更好/谈材说料编. --北京:
中国建材工业出版社，2018.8（2018. 12 重印）

ISBN 978-7-5160-2351-8

Ⅰ. ①所… Ⅱ. ①谈… Ⅲ. ①建筑材料－固体废物处
理 Ⅳ. ①X799.1

中国版本图书馆CIP数据核字（2018）第172184号

@所有人:这个世界会更好
谈材说料　编

出版发行：中国建材工业出版社
地　　址：北京市海淀区三里河路1号
邮　　编：100044
经　　销：全国各地新华书店
印　　刷：北京雁林吉兆印刷有限公司
开　　本：889mm×1194mm　1/32
印　　张：4.25
字　　数：80千字
版　　次：2018年8月第1版
印　　次：2018年12月第2次
定　　价：68.00元

本社网址：www. jccbs. com　　微信公众号：zgjcgycbs
本书如出现印装质量问题，由我社市场营销部负责调换。
联系电话：（010）88386906

序言　生态意识的大众化和社会化

2018 年 4 月份发生在北京奥森公园的一则新闻，颇有些值得人们回味的地方。这则新闻说的是 4 月 15 日一位名字叫 Simone 的加拿大女孩在北京奥森公园通过自己锲而不舍的努力，成功追回被偷野鸭蛋的故事。

故事的主要情节是这样的。这位外籍女孩当天带着几个小朋友到奥森公园游玩，刚好看到了一个老人穿着雨鞋蹚水进入一个小岛，拿了几枚野鸭蛋。女孩并不清楚老人拿了几个鸭蛋，也不知道他要拿鸭蛋做什么，但这种行为在加拿大是不被允许的，于是她就决定跟着这位老人。因语言不通，Simone 多次要求他放回这些野鸭蛋，老人也说了一大堆话，但是两人都听不懂对方在说什么。后来老人和他妻子碰面又分开后，他身上的鸭蛋就不见了。Simone 决定，如果没有什么措施能够阻止这件事情，她就会一直跟着老人。因为语言沟通实在有障碍，眼前也无人能为她翻译，Simone 便打电话向自己的朋友鲜女士求助。接到电话后立即赶到 Simone 所在地方的鲜女士多次劝说了老人，也提出花钱购买，但鸭蛋已不在老人手里，老人也坚称他手里并没有鸭蛋。鲜女士给游客服务中心打了电话，但并未得到明确的回复，她一时不知如何是好。“当时我都有点打退堂鼓了，要不这事儿就算了吧。但是看见 Simone 在旁边特别着急，都快哭了，就决定还是要管这件事情。”鲜女士再次给游客服务中心拨通电话说明情况，随后有四五个工作人员赶过来。在他们的反复劝说下，老人终于被说通，打电话给她妻子后，他妻子送回了鸭蛋。在工作人员的监督下，老人将拿走的 8 个野鸭蛋放回了草丛里。尽管前后花了一个多小时，当亲眼看见安保人员带着老人把鸭蛋放到了湖边时，Simone 终于松了口气，觉得这个结果太重要了。

这则小故事值得回味的地方至少包括以下几点：老人穿着雨鞋蹚水到小岛上捡拾鸭蛋，说明他是有意为之的；老人将鸭蛋转移至妻子手上，说明他是知道加拿大女孩表达的意思的，妻子的配合说明两位老人都不以为此举有何不妥并且准备执意达到预设的目的；鲜女士反复劝说不成功有点打退堂鼓的想法，是我们绝大多数人遇到此类情况时的基本选择。

从加拿大女孩 Simone 的角度看，故事值得回味的地方还有以下几点：加拿大女孩尽管并不知道中国的法律是如何规定的，但是她从本国规则推演出私拿公园鸭蛋在中国应该也是不被允许的，说明她对于这样的规则是充满着心理认同的，维护自然生态或许已经成为她的意识自觉和行为自觉；中途未能成功说服老人纠正错误做法，Simone 依旧不依不饶不放弃，直至搬来救兵成功说服老人放回野鸭蛋；她把老人最终放回了野鸭蛋的结果看成是一个太重要的结果，也许并非是指这个事件本身的结果，而是一种生态理念和社会规则最终得以张扬和维护的结果。

如果在退回到三四十年前甚至更早一些时间的那个物质还算比较不足或者很是匮乏的年代里，发现有人有意捡拾公园野鸭蛋这样的事情，也许我们绝大多数人会见惯不怪。长期肚子吃不饱缺营养的情形下，如非圣贤，是很难做到路不拾遗的，更遑论要求他们具有生态环保意识。在今天物质极大丰富的情形下，尤其是在北京这个国际大都市里，发生有人有意捡拾公园野鸭蛋这样的事情，反而就会成为新闻，因为更多的人不会因为缺少或是惦记几个野鸭蛋而有意违背规则特意捡拾。绝大多数人不会有意为之的两个基本逻辑，一是这不属于我，属于公共的，私人不应该据为己有，二是公园的野鸭蛋，或许更环保更有营养，但是它们更属于自然的、生态的，不打扰、毁坏它们就是维护生态、维护环境。

从这则故事可以延伸思考的一个更具有大众意义和社会意义的问题是，人们生活在社会中，也生活在自然中，你与捡拾鸭蛋老人的距离或许并不远，你不会有意涉水去捡拾这些鸭蛋，但是可以扪心自问的一个问题是：在偶遇野鸭蛋又无人注意的情况下，你可以不弯身捡拾它们吗？这个问题的答案，恐怕对于我们中的大多数人而言是否定的。其中的原因很复杂，物质极大丰富了并不必然排除捡拾鸭蛋的心理驱动，这些原因归纳起来至少重点包含了生态意识的大众化和社会化问题，包含了普遍的生态意识的自我约束和社会约束的缺失。

当生态的概念常常被视之为情怀时，似乎就成为一种高尚的胸怀差异，成为一种道德标签和行为标榜。沙漠绿化、荒山植绿等事件常常被传示为一小部分有闲又有钱的商界精英的有别于社会大众的高尚行为，环保、生态、绿色、循环，似乎成为一种奢侈的、高贵的理想追求和道德制高点。在实业界、材料制造业层面，那些已经、正在从事生态与生态方面的企业，似乎经营较好的也并不为多，也有不小的情怀因素在支撑着他们的努力。情怀即便没有“克己”或者“士”的味道，也算是开了一时风尚，但是如果仅仅依靠这种情怀，就很难想象“被迫”放回野鸭蛋的老人不会寻机再次返身取回这些鸭蛋，就很难想象我们的身边会大量涌现类似加拿大女孩 Simone 执著维护生态规则的普遍社会行动。如果仅仅是依靠这种情怀，就很难想象自然、共生、和谐、持久的生态境况何日才能真正到来，生态不断趋好的时间和过程就会很漫长。比如，仅仅强调产学研的结合，而没有社会大众和各阶层的普遍参与，没有规则的强制和市场的支持，资源的再利用和生态化推动的力量和范围依旧会很有限。由此，生态不应该仅仅是一种情怀，更应该成为一种广泛的全社会成员共有、共守的普遍意识和行为准则。生态的意识唯有从娃娃起即具有，唯有普罗大众人皆具有，成为社会尊崇的、法律规则强制保护的社会大众的普遍意识，固废利用、循环低碳、生态修复、绿色环保、持续节约的经济发展生态才会更快更好地形成，社会化的生态意识才会更好地走向普遍的社会实践层面。

当生态意识成为社会的大众的普遍意识和实践选择时，聪明的资本也会成为有生态情怀和生态意识的资本，成为有社会命运共同体意识的资本。伴随着政策和标准的更加完善与支持，风口中的资本至少也会有部分接了地气，对接到生态修复与生态材料再利用等产业中，而不总是眼盯互联网，总是盯着人为制造各种买买买的所谓节日。人们可以没有抖音，可以没有5G，但是不能缺少了干净的用水、健康的空气和放心的食物，因为这些事关人的高质量生活的基础，事关社会持久高质量发展的基础。

就更宽泛的含义而言，有人与自然间的生态、自然之间的生态，也有人与人之间的生态以及复杂的社会生态，这些都事关人们的过去、现在和将来，事关能否在更广阔的空间形成具有深度的多层次的人和社会的高质量发展，形成持久的人和社会的高质量发展。

中国建材工业出版社　社长 / 总编辑

佟令玫

目　录

附　录

张宝贵：世间本无废物

张宝贵，1950 年生于北京，北京宝贵造石艺术科技有限公司总经理。1968 年去山西插队，1987 年回到北京专门从事造石艺术的研究与创作。1995 年在中央美术院举办个人艺术展，1996 年在中国美术馆举办“张宝贵造石艺术展”，作品先后被中国美术馆、北京国际雕塑公园和世界银行收藏。1993 年至 2001 年连续 9 次参加中国艺术博览会并获奖项，先后为北京钓鱼台宾馆、中国革命博物馆、首都机场 T3 航站楼、国家大剧院、北京奥运会、上海世博会等创作或完成雕塑作品。

谈材说料：从零开始创业，踏入一个陌生的领域，您经历了怎样的艰辛?

张宝贵：遇到高山绕过去，遇到薄弱冲过去，遇到洼地渗进去，这就叫长江。长江一定不是按照一个人的想法挖了一条渠道，那叫运河，再大的运河在长江面前只是人的作为。

我没有建筑背景，到今天也没有上过大学，但是我喜欢建筑。后来我发现这个世界没有通行证，通行证就是你的渴望，只要你有渴望，你就能进入状态。生命在于活着，每天挣扎的活着才叫生命。生命不是美好的，挣扎才是生命的常态。因为在挣扎当中，建筑师表现了才华，表现了技术。所以我觉得，古往今来，人类的伟大就在于在挣扎当中独辟蹊径。

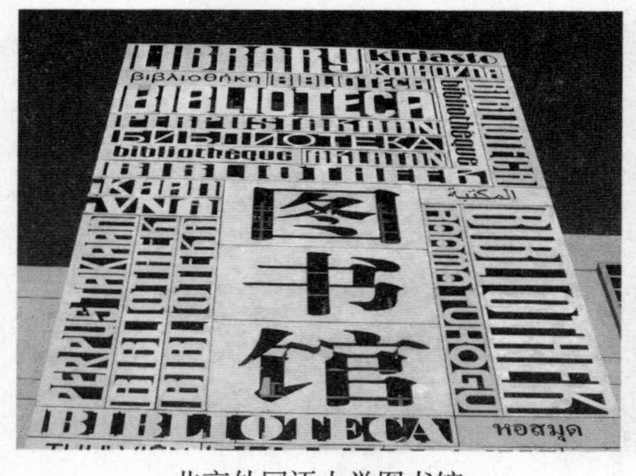

北京外国语大学图书馆

延安大剧院

1987 年我们一家四口从山西回到北京，来到北京郊区，一时找不到工作，就和几个农民在一起，开始用水泥做装饰品，取个好听的名字叫“石花”，晚上在家里搞试验，白天到设计室继续研究。山西是土，回北京还是土。土是我的出处，好在建筑师不嫌弃，一切就这么开始。

我按照书本上写的和行家的说法，在水灰比、灰砂比、振捣、养护等一系列专业状态中去试验，每天重复着没有变化的工作。三五个农村妇女，一个不能挡寒的工棚，没有像样儿的工具。那会儿，困难重重，没先例可借鉴，又缺少资金和研究条件，只是一个心思要把石头的感觉做出来。先是在水泥里加了白云石渣儿，模具上涂了缓凝剂，脱模后用水去冲，露出了石渣，像水刷石；为了增加强度，有利后期加工，当时没有蒸汽养护条件，我们就试着用大锅去蒸养，脱模后用砂布去打模，又像是水磨石。水刷石、水磨石，虽然有点石头的意思了，但只是低档质感……暴露石渣儿的颗粒细小一些是否会好些？把石渣儿用锤子凿碎成粉末状，和水泥搅到一起，放在模具里振捣，脱模后再用砂布去擦，十个手指头渗出了血，好像不知道疼。一次又一次，模模糊糊终于像石头了，加上聚苯板做的模具可光可毛，肌理效果粗犷自然。平的面抛光，毛的面用铁刷去刷、用尖斧剁击，石材质感更强了。后来在制品表面打腊、喷透明漆、喷云母粉就更增强了石材的品质。以后又在表面镀金属，青铜的、紫铜的、铁的等效果。开始有人关注我们了，亚运村和中国历史博物馆首先选用，那是很小的一步，但是终于上路了。

1989 年在北京图书馆举办了再造石制品展，建筑界、艺术界来了很多人，大家用艺术的眼光看待水泥制品，我们隐约看到了方向。

1996 年在中国美术馆举办个人雕塑展，人们惊讶了，因为这里有很多与众不同，艺术的一个显著性的特征是创造性的劳动，在这样的过程中变得自由了，三十年来打开了一扇又一扇门，进入了一个又一个通道。

我用十年的时间把我的社会名气打出来了，别人没做，我做了，我就出名了。

没人提拔我，我自己拽着头发上天。

谈材说料：您是怎样沿着“将废料变原料”的想法，走出一条自己的路的?

张宝贵：其实这个世间本无废物，废与不废，不在物，在于人。真要说有废物，那可能是人类自己想不劳而获，坐收渔利，四两拨千斤。

废变不废是一种技术革新，对环保有切实好处。举一个例子，生产一吨水泥要排放一吨二氧化碳，传统的建筑外墙板大都是 PC 板和清水混凝土墙板，一般厚度在 15 厘米，每平米重量 400 千克，每平米需要一百千克以上的水泥。而添加了“废物”石渣的轻型墙板厚度可以在 3 厘米左右，每平米重量 80 千克，每平米用 20 千克水泥。从每平米 100 千克的水泥到 20 千克，减少了 80% 的碳排放，对环境改善可以说大有裨益。当下，社会发展对建筑材料的发展提出了更高的要求，可持续发展理念已逐渐深入到建筑材料之中，具有节能、环保、绿色和健康等特点的建筑材料应运而生。对我们而言，使用石渣石粉不但可以模仿石材效果，还可以有效地阻止污染，阻止开裂。废石粉的综合利用是一个新生事物，融合得好，就是把“废”转化成“不废”。

这种新材料已经有了应用的实例。几年前我见到张颀院长，他说天津大学建筑系馆要改造，因为建筑系馆是上世纪 80 年代建的，时间长了，建筑老化，外墙面的砖成片地脱落。建筑系馆曾获得建国 60 年建筑创作大奖，被呼吁作为当代建筑遗产加以保护，所以只能修复，不能有大的改动。我们建议把天大建筑系馆外墙皮铲下来，拉到昌平粉碎筛分，这些废弃物作为骨料，水泥作为胶，按照一定的比例合成新的墙板，背后有钢架，像石材或者玻璃幕墙一样安装在原有的建筑上。修复以后，因为用的就是废弃的原材料，表面上几乎看不出差别。张颀院长说：“这是一种实实在在的传承。变废弃物为新产品，使建筑焕发光彩，旧物换新颜，不变的是天大传承的精神。”

说到这里就要提到混凝土材料的两个问题。其实建筑师凡是做过的都有体会。第一是脏，第二是裂。越大越脏，脏得越厉害；越大越裂，裂得越厉害。因为混凝土作业完成了以后它要收缩，强度高，必裂无疑；强度越低，石渣加得越多，石渣把水泥收缩的硬力给阻断了，它就不裂。石渣加得多，它对大气当中的浮尘没有亲和力，它不脏。所以混凝土看似很传统，它实际上是一个非常当代的材料。

崔愷、张锦秋大师给我们做了典范。低碳混凝土墙板的出路就在于既能量身定做，又能标准化、机械化制造。我们目前正在设计一种厂房，两万平米，年产能一千万平方米，产值50亿，500元一平方米加上保温、A级防火，利税十多个亿，消化固废材料60万吨，减少碳排放80万吨。

贾平凹文化艺术馆

我很希望这种环保节能的材料能得到广泛应用。我甚至设想，未来的城市可能是迷彩色的，因为石渣建筑废弃物等各种废料，如果筛得不干净，会出现迷彩效果。现在各个城市建筑垃圾堆积如山，我们如果把这些建筑垃圾拿来制作新型材料再应用，也许城市色彩不是纯白纯灰，而是迷彩，这就是21世纪材料顺应城市存在的一种方法。

西安大明宫

这三十年来，我打交道最多的是建筑师，和建筑师在一起我喜欢说，常常跑题，跑得很远。那伙人以为上帝临时借用了我的嘴，即使自恋，好在兴奋的不只是我一个人。有建筑师说，宝贵身上的那股朝气，犹如沼气，起火就着，一点就知道，所以将几百个听众烧得兴奋异常，确信共产主义就是明早，没准今天就能实现。我生活在农村，和农民在一起，最早接触的土是黄土的土，最近接触的土是混凝土的土。为建筑师做墙板，让我经常从未知进入未知，犹如幽灵，漫无边际地游荡。也许是上帝安排我到人间来干混凝土的，用固体废弃物做，和农民一起做，一直很忙很累很苦很迷茫，只有一个感觉最强烈：所有的都是在破解谜题，非我不可。

崔愷说，宝贵对我来说是一种文化，显然这不是因为他的东西常常用于文化建筑，而是因为他的生存状态，他的发展历程，他的外在气质和他的内在精神所焕发出来的那种特别接地气的精气神。宝贵大哥娓娓道来的那套肺腑之言就是传承文化的“道德经”，有着强烈的中国特色、乡土特色。

延庆葡萄大会

其实我跟崔愷、王辉，还有很多建筑师实现了人生的互相绑架。他们夸我，把我绑架了。我不搞产品试验，我不敢面对大家发言，那么如果他不夸我，他就会发现一个同盟军失去了。所以人类社会的最后就是精神上的，最后的形式就是互为绑架。这叫信任，这叫迷恋，这叫朋友，这叫人生最后的归宿。王辉说，在近 30 年的时间里，中国经历了这样一个时代：不仅创造了 30 年前中国人民不可想象的未来，也在创造 30 年后的今天世界人民不敢想象的全球的未来。

我们能不能从记忆中走出来，从习惯中走出来。前人给我们留下了宝贵的物质财富，值得思考的是，再过几百年我们将成为后人的祖宗。21 世纪初叶的设计除了强调艺术特征外，还会留下什么？面对美好的习惯，我们能够重新选择吗？材料的高贵在于自然，人的高贵在于发现和创造，变废料为原料反映的不仅仅是一个材料话题。

山西五龙庙

出于好奇，建筑界开始关注用低碳环保材料制作的混凝土制品。想象力越来越多的建筑师开始不安分，用混凝土去做灯，去做家具，去做自己心中的建筑，在朦胧中出现的东西反映了一种活力。建筑的成就表现在方方面面，如果开始关注低碳环保材料，又能够在实践中应用它，久而久之，也许会成为一种新的语言和样式，所谓的理论也会逐步浮出水面，当代设计是对当下社会的一种反映，是对当下科研成果的一种集合。既然是当代设计，低碳环保材料就不该缺位。石渣石粉和建筑固体废弃物的合理应用不但可以降低成本，增强石材质感，有利于变废料为原料，而且可以有效地阻止制品开裂，防止制品污染。

面对快速发展的建设需要，可以看见的是环境，看不见的是习惯。对于社会进步来说，改变习惯比改变城市面貌更加困难更加重要。如果确实能站在一定高度认识生态环境，并且勇于承担责任，选择低碳环保材料进入城市建设就会别开生面，也许一种成就感会油然而生，越来越多的设计形式和设计理论会层出不穷。当代设计会改变人们的生活，当代设计可以始于理论，从前人的基础上出发。当代设计可以始于实践，从现实的可能性开始创造。当代设计遇上了环保的话题，变废为宝，“以假乱真”，这里的真也许是一种不断探求的乐趣。建筑的成功固然重要，如果建造的过程产生了创造的乐趣和能力，这是一种文化。

谈材说料：人们说您的再造石是假的，您的看法是什么？

张宝贵：水中月，镜中花，假是真来真是假。

就材料而言，一直在变，不变的是习惯。崔愷大师在很多项目选用了这种再造石墙板。人们提起这种制品首先反应是假的，一种记忆很正常地把我们带入了传统，不管我们有多少说法和成就，挣扎是一种常态。

许多材料都不是自然生成的，是人们在生活的过程中发现了材料的特征，经过加工，改变了材料的形式，人类的进步通常依靠材料的语言进行了表述。虽然很多材料是绿色的，喊的口号是绿色的，但是当绿色来到身边，我们却缺少对绿色的理解。在当下环保就是一切，很重要的一点就是变废料为原料的勇气和智慧。

人之初住石屋，最初是被动“穴居”。西北人在黄土坡上挖窑洞，成为主动“穴居”。黄土高原的“地坑院落”，老百姓就地挖坑道，然后在侧面挖窑洞，“远看无建筑，近看有房屋”。最初的居住并非始于材料的构筑，更多的是一种顺应和选择。

谷泉会议中心

真亦假来假亦真，学习古人，用古人的方法做真实的夯土墙，把古人的故事拿来，从中汲取一种精神，用现在的方法做假的夯土墙。其实大家看到这些美好，都是假的，为什么我们接受了它，因为它进入了文明的传承，我们用劳动见证了一种新的文明传承。

程泰宁院士曾经说过：“我希望宁夏大剧院跟张先生合作，第一次合作互相找感觉，我找张先生的感觉，张先生找我的感觉。他是从未知到未知，其实做建筑设计都是一样，我经常讲我们做建筑就像在无边的大海中游泳，没有重叠，你就往前游，你看不见人，你就是在做设计，我觉得就是这样。张先生说的从未知到未知就是一个不断探索的过程。”

前人的真实夯土和我们今天的假夯土对于空间来说都是一

种围合，当我们把固体废弃物表达出来的“伪夯土墙”展示给世人的时候，大家关注的是废料变原料。时间流逝千年，我们记住了传说，再过百年，人们面对假的夯土墙、土坯墙、石头墙、砖墙也许会习以为常，面对真材实料反而觉得很神奇。如果出现了很多有手艺的匠人，这种故事犹如童话。

让假的材料推广到全中国，是一种事业。

十几年前，清华的陆志成教授让我们研究装饰墙板，我从做雕塑就转到做建材这条路上了，陆老师跟我说：“一定要搞出来，国外已经有了，我们国家还没有，搞出来了能为国家争光。”久违了的爱国情结打动了我。从此以后，我不顾一切地搞起了墙板。

通过剔凿，暴露石渣石粉，以表现石材质感，这种方法真实、粗狂、自然，给建筑设计提供了更多的选择空间。这种方法在大板型、特殊板型的制作方面大大降低了成本。这种方法不容易开裂、不容易被污染。这种方法大量使用尾矿石渣石粉和其他固体废弃物，特别有利于变废为宝。这种方法的制作过程，叮叮当当，让匠人找到了用武之地。

谈材说料：您对匠人精神是如何理解的？匠人手艺和经济效益有着什么样的关系？

张宝贵：匠人出身的我，手艺是我的饭辙，也是我内心的骄傲。尽管现代社会匠人难寻，但匠人精神依然存在于很多人身上，那些用自己的血汗服务于社会、推动社会进步的人，哪怕看似微不足道，但这些劳动和智慧都有不能磨灭的价值。

匠人有一个特点就是不知深浅，世界上的建筑有第一个茅草屋，第一个窑洞，什么为深？什么为浅？第一个大家认为最好的建筑，都是因为当时的建筑师不知道深浅。匠人如果能够有修为，更重要就是静下来，把什么都放下了，手里的活儿就能做好，上百年到更久远都不会坏。

什么样的人是匠人的楷模？我曾经认识一个女雕塑家，她说她七八十岁的时候就满手都是刺。她喜欢这件事，因为喜欢，除此以外别无他求。什么是匠人的风格，只要是编出的风格都是站不住脚的，压力逼迫出来的风格才都是真的。作为一个靠手艺吃饭的人，不管多么先进的技术，最后都要回归到手上，手是乐趣，手是感情，手是一辈子到了最后时候的回忆，手是一种健康的象征，是一种向往。

长春烈士陵园纪念馆

十几年前没有人关注匠人这个说法，也没有人觉得匠人有什么可贵之处。谁也没有想到今天人们会逐渐关心匠人这个群体。曾经的匠人到处寻找商机，其实匠人不要着急，就像天黑了慢慢天要亮，冬天过去了，春天来了，等得起就叫商业。

一道工序直接制作阴模的技术发明于上个世纪80年代末，我带着两三个畜旮屯的农村妇女做石花，没有资金没有设备，市场也看不到前景，被逼无奈，胡思乱想，反复摸索，反复试验，有如流水，很长，曲曲折折，现在跳出来回头一看，很有味道。一个干活的人累死累活，只能流血流汗，挖空心思把手里的活干好，别的什么都没有，把活干完了，面对物件或许会感慨万千，偶尔也会产生一种自豪，虽然这些都和钱没有关系。

国家大剧院，项目很小，但是做得时间最长，投入最大，感慨最多，风险最大，也是最值得骄傲的项目吧。国家大剧院的吊顶，让设计师安德鲁高兴地说，他找到了自己最想要的材料。据说安德鲁苦苦地找了两年，他发现只有宝贵石艺在技术上可以实现他的设计。为此我停掉了所有挣钱的业务，专心致志地研究了六百天。因为在国家大剧院天天都有演出，如果这几百吨的东西掉下来，我是睡不着觉的。那时的我暂时离开了经济利益，一种莫名的力量有如幽灵对我们发挥了魔力。在建筑师的圈子里传说着宝贵的故事，很多有影响的也有一把年龄的建筑师称我为“宝贵大叔”。

匠人不是不需要钱，也不应该没有钱，好的匠人着眼点一直不在这儿。匠人不是商人，匠人在乎的是手艺，他们只会干活，他们缺少经济意识，他们的语言都在手上。几千年过去了，很多了不起的艺术和建筑出于匠人之手，没有留下他们的名字，他们的劳动过程是一种美，一种修行。

国家大剧院音乐厅吊顶

有人说，你从雕塑家变成建材商，这不是吃亏吗？我老觉得，匠人还在乎伺候谁吗？皇上来买，就伺候皇上，老百姓来买，就伺候老百姓。匠人不问谁买，只要有人要，我就干。在做墙板的时候，我把建筑用的墙板当做雕塑，把自己当成建筑师的一员。建筑设计可以美，建筑造型可以美，材料可以让建筑变得更美。我还是那个干活的人，把从前做的一个人物的雕塑、一平米的雕塑，变成了今天一万平方米、两万平方米的“雕塑”。以前是我一个人的作品，现在是我帮助崔愷、张锦秋这样的大师实现作品。我要是守着艺术家的身份不愿意去伺候建筑师，就失去了一个机会懂得另一种美，也失去更多的机会取得财富、结交朋友、享受成就感。现在好多大牌建筑师都和我成了朋友，管我叫“宝贵大叔”，他们相中了我的手艺，也是看中了我干活的态度。

国家大剧院音乐厅的吊顶，其实做完了我赔了一百多万，但是我牛啊，大师都说：“哎呀这是张宝贵做的，这是水泥做的？”听到他们这么说，那一瞬间我从心里就乐开了花。这些建筑师朋友，他们都知道我付出了全部，都心疼我，甚至怕我赚不到钱，主动帮我推销产品。张锦秋跟我说：“张宝贵是艺术家，是我们建筑师的一部分。”这些，我花了钱也不一定能得到，可是现在我没花钱都得到了。

江苏丰县汉皇祖陵祭祀明台

谈材说料：谈谈您最新研发的产品，它的特点是什么？

张宝贵：31 年来，无意触动了低碳话题，所以我主要研发方向就是变废料为原料。第一，我有 31 年的经验，略知一二；

第二，我在这里得到了社会的关注使我有所兴奋，特别是和建筑师在一起搞了一些项目，让我能够找到一些关键点。把变废料为原料，即把丢弃的废石渣，砖瓦灰砂石当做原料，以彰显低碳的态度。

其实变废料为原料，不管我们穷尽多少智慧，面对人类浩瀚的自然资源，总量还是微乎其微的。其实最重要的价值是我们通过这样的方法可以接近大自然，可以认识自己，可以认识这些可能性。人类的所有科技进步，更多的不仅仅在于解决问题，是在于人类又一次地有所尝试，有所发现，有所进步。

所谓低碳不光是废料变燃料，少一点占用自然资源，比如说通常的混凝土板，很厚很重，需要大量占用资源。所以我们尝试研发超薄型材料，它可以做到 3 厘米、2 厘米、1 厘米甚至 0.5 厘米，或者更薄，因为不是承重产品又不是构造产品，只是起到装饰作用。薄了就对自然界的资源使用量较少，特别是减少水泥量。生产水泥要排放大量的二氧化碳，减少水泥的用量无疑是有利于减少碳排放。

低碳一定不仅是个概念、是个时尚，低碳还是数字，是科研行为，是可以总结、演讲、传播的东西。

我们在实践当中，用一层纤维一层水泥，涂抹成可以透光的灯。平常来看灯是发光体，其实这种认识很古老。如果离开照明这个角度，基于想象力和好奇心，我们可以感觉到一切皆有可能。说到这个灯或者所谓灯阵，我的回答是“非也”。对于超薄体，它不光可以做灯，也可以做很薄的板。比如张永和，最近让我们研发并把它用在鸟巢旁边的一个博物馆，它便用在了建筑上。我想一个创新一定是系统的，如果只有单纯的这种超薄混凝土，建筑师不用，等于研发的价值就大打折扣。如果建筑师有这种需求，我们又不能跟上，那么也会很遗憾。所以我想研发也好，低碳也好，它一定是一个社会行为，是一个系统行为。

作品：非也

宝贵大叔对这张图的解释：就像霍金理解的宇宙。就像我们面对的所有不明白的事情。我们都会想探险去试一试，艺术的本质就是探险，艺术的本质就是启发。人生的本质就是有活力，探索不一定有结果，但重在过程。所以面对灯的答案都是非也。

这种超薄的混凝土是刚刚开始有的，它一定会慢慢地引发更多的思考和技术。它会不断地在更多人参与的情况下再往前走，所以超薄混凝土的价值，不会定格，它是把门打开，让更多的人产生想象力。

所以低碳不仅仅是一个现象，一个成果，一个建筑，一个艺术效果，低碳一定会成为未来生活的一个重要的部分。

谈材说料：您未来的发展方向是什么样的？

张宝贵：其实除了技术研发还有产业合作，我们想着把北京作为研发主体。比如，建立宝贵研究院，跟更多的大学、更多的建筑师、材料专家、各级协会建立一个良好的关系，让社会资源得到最大程度的互补。作为一个企业，不管有多大积极性，毕竟是带有自己固有的局限性。无论是能量、资源都会是局限的，包括语言。

我今后的研发方向，不仅是研发材料学，研究技术，研究自然科学，还有社会科学。所以作为宝贵石艺，一个可能会发展起来的新兴产业，一定要懂得寻求社会合作。低碳产品逐步被推广开来的同时，一定要研究怎么跟社会合作。比如说，我们希望在欠发达地区能有更多的人就业，能够让低碳材料给更多的人带来实惠。

我们甚至跟旅游部门合作，为地方探索一种旅游产品，用废料做。甚至探索用产学研的方式把这个做成工业化的模式，向各地推广。这样仅仅靠企业是不行的，要依靠政府、专业单位和投资人。如果低碳进入一个非常社会化的合作，那么它才有可能向产业化发展，向国际化发展。

谈材说料：您对我们公众号“谈材说料”有什么看法?

张宝贵：对于“谈材说料”公众号，我谈一点我的想法。首先是非常感谢中国建材工业出版社，本来只是出版单位，现在去做一个公众号，我想这无疑是一种进步，可能会带来一些思考。

这次搞的第一期活动，请到了一些清华学者、设计院设计师还有学界领导，其实这样以后如果做下去，必有所得。我觉得会对当下一些想做事情又在寻找方法的人，可能起到抛砖引玉的作用。材料不光要以经济的名义，材料更应该以学术的名义、智慧的名义，让更多的智者参与进来，让更多的语言发表出去。我想谈材说料，一定会给这个行业或者跨界的行业带来积极的思考，祝福你们。

然后，祝愿所有中国建材工业出版社的工作人员、从事“谈材说料”这项工作的同志们，虽然刚刚开始还会有很多困难，只要我们大胆想象，努力工作，善于调动资源，很多可能性都会发生。我会尽我最大的努力，当然也愿意有更多的听众、更多专家参与进来。不仅为了“谈材说料”，也为了我们自己的这种兴奋，一起来进行探索。

@ 建筑师对宝贵大叔的评价

祝贺宝贵三十年

“宝贵”对我来说是个老朋友。九十年代初设计北京丰泽园饭店时就结识了宝贵大哥，一晃二十多年了，项目的合作、设计的切磋、样板的观摩、学术活动的支持，朋友间的小聚、无数次的交往使我们之间成了无拘无束的好朋友。

“宝贵”对我来说是一种文化，显然这不是因为它常常用于文化建筑，而是因为它的生存状态、它的发展历程、它的外在气质和它的内在精神，所透射出来的那股特别接地气的精气神儿！而宝贵大哥每每道来的那些肺腑之言，在我看来就是传承文化的“道德经”，有着强烈的中国特色和乡土特色。

——崔愷

崔愷：中国工程院院士；现任中国建筑设计研究院副院长、总建筑师。

宝贵之于宝贵

在近三十年里，中国经历了这样一个时代，不仅仅创造了三十年前中国人民不可想象的未来，也在创造三十年后的今天世界人民不可想象的全球的未来。这样的时代，需要英雄，也产生了英雄。张宝贵就是这样的英雄。

英雄脱离不开集体主义的色彩。如果说张宝贵是个英雄，他给他所服务的建筑师这个大集体最宝贵的贡献是什么？表面上看自然是他的装饰混凝土产品，有点石为金的魔力，可以让平庸的设计变得有力，让建筑师们个个都成为英雄。但这种评价过于狭义。大凡与张宝贵有过交往的人都会感受到，他带来的最宝贵的东西是能够激励每一个人的宝贵的正能量。

在我们这个多变的时代,成功的人既要有与时俱进的灵活，又要有以不变应万变的沉着。张宝贵不是顽固，他能够适时地把那二十多年前就已成熟的工艺演绎成最新的技术理念，诸如循环经济、环保、绿色、再生等。这不是简单地包装，而是每每有新的技术理念产生，都能引起他主动的共鸣与拥抱，并融汇到自己的体系中，一遍遍地再雕琢既成的思想。所以我们在他经常重复、依然洪亮的语言中，总是能听到新鲜的内容，总是能看到永远的活力,总是能悟到新的启示,近期张宝贵对“后土”命题的思考就是一个例子。

一个身份实为材料供应商的参与者,在每一个集体活动中,留给人印象最深的是他充满个性的个人主义。张宝贵的成功,把以往小写的个人主义颠倒成大写,让人们感受到一个这个大时代产生的有个人思想、个人意志、个人创造和个人魅力的人,是那么地可爱、可敬和可贵。我们需要把这种有人格魅力的为人处世,在精神上凝聚成一种可以推崇的主义。正是这种正能量,使张宝贵的混凝土升华成了宝贵的混凝土。

——王辉

王辉:清华大学建筑学学士、硕士,迈阿密大学建筑学硕士;中国建筑学会理事;美国纽约州注册建筑师;中国建筑学会建筑师分会理事,并任清华大学建筑学院设计课导师、北京建筑大学 ADA 研究中心客座教授等。

(采访:王天恒　文字整理:章爽)

叶耀先：生态的“三最”原则

叶耀先多年从事地震减灾、可持续建筑和可持续城镇化方面的研究，中国建筑设计研究院原顾问总工程师，历任国家建委抗震办公室副主任、城乡建设与环境保护部设计局副局长、中国建筑技术研究院院长、国家住宅与居住环境工程技术研究中心主任、美国威斯康星大学灾害管理中心国际顾问、日本京都大学客座教授。曾获中国科学院和住房城乡建设部科技进步奖，是英国皇家特许建造师，享受国务院特殊津贴。

谈材说料：建筑和建材的发展关系到国家基本建设和人民生活，请问它们的发展面临哪些难点？

叶耀先：建筑和建材的发展面临的难点主要有四个：一是发展受到多种因素的制约，比如一种新的建筑材料和产品只有在用户、建筑师、工程师、开发商、技工和政府都认同和支持的情况下，才得以广泛应用；二是发展要适应各种互相矛盾的要求，比如标准化和多样化，标准化和个性化，传统和现代技术，建筑和环境友好等等；三是发展方向名目繁多，如绿色、可持续、低碳、生态等等，让人目不暇接；四是发展方向是从欧美来的，我国的气候条件和国情同发源国家有差异，需要中国化。

谈材说料：研究环境的专家说，人类对地球环境破坏的规模已经扩大到地球的测度，您是如何理解的？

叶耀先：环境专家们的说法估计是对的。因为人类和地球摊上了两件大事，一件是过度开发，另一件是气候变化。这两件事都是人类活动造成的。

人类来自自然，通过向自然界学习，有了本领，就开始搞过度开发，开山劈地，试图征服自然。现在我们不是继承父辈的地球，而是借用了儿孙的地球。过度开发造成土壤侵蚀、生物系统破坏、石油储量下降，环境遭到破坏。

人类活动耗用的化石能源，产生二氧化碳等长生命期的温室气体，引起气候变化，造成地球表面温度升高、海平面上升、降雨量变化、极端事件频繁发生，酸雨、森林枯竭、臭氧层破坏、异常气候屡见不鲜。最可怕的是，即使今天全球二氧化碳等温室气体的排放达到峰值，以后不再增加，二氧化碳等温室气体的浓度、大气温度和海平面上升要到几百年甚至上千年以后才能稳定。

过度开发和气候变化都和所使用的建筑和材料密切相关，要应对这两件大事，就必须改变建筑和建材的发展方向。

谈材说料：您说应对过度开发和气候变化必须改变建筑和建材的发展方向，请问，建筑和建材的发展要向哪个方向改？现在国内外建筑和建材的发展方向有哪些？这些方向里哪个方向是牛鼻子？

叶耀先：现在国内外建筑和建材的发展方向主要的有绿色（Green）、可持续（Sustainable）、生态（Ecology）、低碳（Low carbon）、健康（Health）、被动式（Passive)、零能耗（Zero energy consumption）和智能（Intelligent）等 8 个。牛鼻子是绿色。我国建筑和建材的发展要向这些方向改，主要的是向绿色建筑和建材这个主流方向改。

1987 年世界环境与发展委员会在《我们共同的未来》 中提出可持续发展策略，获得全球共鸣。1992 年联合国环境与发展大会签署了《气候变化公约》《里约宣言》和《21 世纪议程》，使可持续发展思想得到推广，绿色建筑成为发展方向。1993 年，美国绿色建筑协会诞生，2000 年，加拿大推出绿色建筑标准，1996、1999、2006 年，中国香港、台湾和大陆相继推出绿色建筑标准。

绿色建筑指在建筑的全生命周期内，最大限度地节约资源，包括节能、节地、节水、节材等，保护环境和减少污染，为人们提供健康、舒适和高效的使用空间，与自然和谐共生的建筑物。

绿色建筑

绿色建材指在原材料采取、产品制造、产品使用以及达到使用寿命后再循环等环节中对地球环境负荷最小和有利于人类健康的建筑材料。1988 年第一届国际材料科学研究会议首次提出“绿色材料”。

绿色建筑和建材涵义明确，有完整的标准、规范和手册，有广泛的实践和案例，受到众多国家政府的青睐。所以，我们要积极热情地迎接绿色建筑和建材的新时代。

谈材说料：牛鼻子除了是绿色建筑和建材以外，可持续、生态系统、低碳建筑和建材这些说法，被提到得比较多，请问这三个方向情况如何？

叶耀先：可持续是上个世纪中期，发展与不发展争论的折中。在《我们共同的未来》中，可持续的定义是“满足当代人的需要，又不损害后代人满足他们自身需要的能力”。通俗地说，可持续就是“一种持久的、可以长期维持的能力、过程或状态”，所以很难制定出量化的可持续建筑和建材的标准。英国虽有可持续建筑标准，但也是原则性的。可持续涵义较广，包括资源公平、全生命期间能耗、全球社区、经济学、可再生性、传统智慧、体制变化和技术，涵盖绿色。

生态系统是1935年英国生态学家A. G.Tansley首先提出的，它是由生物群落（一定种类相互依存的动物、植物和微生物）和生存物理环境（非生物）构成的系统。有人说，1969年，英国园林设计师伊安·麦克哈格Ian Lennox McHarg所著《设计结合自然》（Design with Nature）一书，标志着生态建筑学的诞生，实际上那本书讲的是园林设计。生态建筑是从大的方面形成一个大的生态系统，获得高效低耗，无污染生态平衡的环境，侧重在创造和维持与当地生态要素的互利关系，保护环境，目前尚无适用的、量化的生态建筑和材料的标准。

低碳是应对气候变化，减少大气层里长生命期的温室气体而出现的。其中，二氧化碳是最主要的，因为它对气候变化影响最大，产生的增温效应占所有温室气体总增温效应的63%，在大气中存留可达到200年，并且充分混合。二氧化碳来自使用化石燃料作为能源，所以低碳建筑和建材必须在节能减排方面采取有效措施，这在绿色建筑和建材中已经涵盖。低碳建筑和建材标准主要是能算出碳排放量。

装配式建筑

谈材说料：您长期研究绿色可持续建筑和材料，提出“三最”建筑和材料，认为“三最”是建筑和材料发展的原则，请问“三最”是哪三个最？

叶耀先：“三最”的第一个“最”是“资源利用效率最高”，

第二个“最”是“对环境影响最小”，第三个“最”是“对生物种群最好”。我们通常所说的绿色、可持续、生态、低碳、健康、被动式、零能耗、环境共生等建筑和建材等，都应符当合这“三最”原则。

谈材说料：您说的“三最”简明易懂，但对内容还不很清楚，请就这三个“最”的涵义，谈一谈您的理解可以吗?

叶耀先：“资源利用效率最高”，就是在建筑全生命期间，对建筑所使用的各种资源，包括能源、土地、水、建筑材料和建筑部品等，都要高效利用。现在我们的主要问题是资源利用效率不高。比如耗用能源和发达国家相同，但舒适度却不如人家。“节约”当然要，但不是用得越少越好，而是要通过创新提升资源利用的效率。

“对环境影响最小”，就是在建筑全生命期间，尽可能地保护环境，不要因为建设而使环境遭到破坏。比如设法留下大自然地表，保护原生地形地貌，把场地地形、山头、水塘、树木等融入建设项目；利用可再生能源，利用可再生建筑材料；减轻建筑自重，力求建筑轻量化；利用地方材料；建筑基地保水；废弃物减量；减少二氧化碳排放；污水和垃圾处置；以及建筑拆除后建筑垃圾的去处等，都是对环境影响最小的途径。

“对生物种群最好”，就是建筑要使人舒适、健康，同时也要为和人共同生活的动物和植物留有妥善安身之地。如选用当地原生树种草种；保护生物多样性，创造多样化的生态金字塔最基层小生物的生存环境，绿地分布均匀、连贯，大小乔木、灌木、花草密植混种，以原生植物、诱鸟诱蝶植物、植栽物种多样性和保护表土创生丰富的生物基盘等。

日本大阪煤气公司的一栋6层实验住宅（NEXT 21），建在闹市区，房屋各层走道、阳台和屋顶都有绿化，整个房子远看就像一棵大树。建成后，有22种鸟来栖息过，有5种鸟在这里做窝、下蛋，不走了，底层的水池里来了许多昆虫，人和其他生物生活得很和谐。国外有的住宅甚至在屋顶部位设置鸟窝，给鸟也安一个“家”。

日本大阪煤气公司实验住宅（NEXT 21）

（采访：王天恒　张巍巍　文字整理：张巍巍）

徐卫国：数字建筑的智能之美

徐卫国教授，执教于清华大学建筑学院，现为建筑系系主任；同时担任中国建筑学会数字建造学术委员会副主任，建筑师分会数字建筑设计专业委员会主任。他曾是美国麻省理工学院 (MIT) 访问学者，执教于美国南加州建筑学院 (SCI-Arc) 及南加州大学建筑学院 (USC)；曾在日本留学获日本京都大学博士学位，工作于日本村野藤吾建筑事务所。

他是国际国内数字建筑设计的开拓者及领军人，其理论研究内容涉及褶子建筑、游牧思想、数字图解、算法生形、数字建构、分形建筑设计、复杂结构的形态涌现、生物形态的建筑设计等；在智能建造方面的成果包括 3D 混凝土打印、机器臂自动砌筑系统、机器臂切削、机器臂空间打印、机器臂热线切割、机器臂光绘、机器臂去除雕刻、FRP 建筑等方面。

徐教授主持多项国家自然科学基金项目研究，发表论文 120 余篇，出版专著及编著 17 部，这些著作包括《生物形态的建筑数字图解》《建筑 / 非建筑》《参数化非线性建筑设计》《数字建筑设计作品集》《快速建筑设计方法》，以及与英国建筑理论家尼尔·林奇合著的著作《快进·热点·智囊组》《涌现》《数字建构》《数字现实》《设计智能》《数字工厂》等。

谈材说料：请徐教授介绍一下什么是数字建筑和智能制造?

徐卫国：数字建筑包括了数字建筑设计和数字建筑的智能建造。

数字建筑设计的基础是用软件来设计，用软件来控制加工工具、机床、3D 打印、机器人等，用这些程序加工材料，做出构件或者直接施工建造建筑物。

智能建造，是在利用软件进行编程、设计的基础上，通过数控设备、智能设备进行加工或者建造，从而得到建筑物。数字建筑通过数控的方法可以设计、使用多种建筑材料，即可以建成普通的建筑，又可以实现建筑师“天马行空”的设计想法，例如实现扎哈·哈迪德的建筑设计。

云南文苑设计

谈材说料：智能建造的优势有哪些？

徐卫国：数控设备在长三角、珠三角等工业制造领域已经很普及了，但是数字建造在建筑领域却刚刚起步。机械臂是数控设备基础上的一个新的工具，是比一般的数控机床更高一级的设备，像人的手臂一样灵活，但是我们并不是用它简单地移动物体，而是利用编程控制，配备我们自主研发的喷头设备，建造更复杂的建筑。大多数领域是从工业 2.0 到 3.0，然后逐步向 4.0 发展，而建筑领域则是从 2.0 到 3.0、4.0 同时探索，机械臂可以是使其达到 4.0。

目前我们的实验型项目武家庄花园是利用机械臂建造的，先打印砂浆，然后机器臂换个方向吸砖、找准位置放好，智能化就体现在这里。工程中所需要的材料是普通的黏土砖和砂浆，施工中不需要人工成本，采用 3D 打印和机械臂的结合，最终实现数字建筑。两者的结合施工仅仅是实现数字建筑的方式之一。

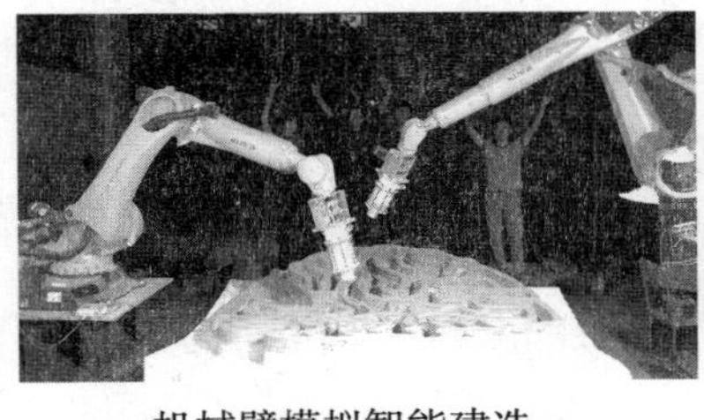

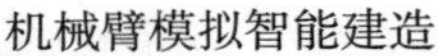

机械臂模拟智能建造

“智能建造”武家庄花园

随着人口的老龄化，劳动力越来越少，劳动成本越来越高。据统计，我国现在工人的数量大概是十年前的一半，人工价格的提高造成建筑成本的大幅度提高。另一方面，即使有劳动力，我们也需要考虑建筑工地中风吹日晒、粉尘等对人体的伤害。数字建筑、智能建造也是对人性的一种关怀，是社会进步的需要，可以把工人从辛苦的劳动中解放出来，这样社会才能更平等。而智能设备也需要有人员控制，需要从技术方面对施工人员进行再教育，使劳动者从仅仅是出卖体力的普通工人变成技术人员，工资也会水涨船高，社会地位也会越来越受到尊重，这也是社会平衡的一种表现。

谈材说料：您的工作室为什么聚集了电气、机械、材料、编程、化工等多个领域的人才？

徐卫国：建筑设计师是有创意、有想法的，他们的设计需要与材料、机械、电气、结构、编程等领域进行跨界合作，形成一个新的系统。目前我们购买的机械臂可以理解成驱干，经过多领域合作研发，在驱干上装配我们具有自主知识产权的“手”，也就是我们特制的 3D 打印喷头，把建筑一层一层打印出来，这就是智能建造。当然在施工中，气候、温度、湿度的不同都会影响建筑物的成型。

建筑不仅仅是“走进一间房，四面都是墙”，建筑本身是需要一些弯度。目前打印有弯度的材料，对国内外的科研院所来说都是无法突破的瓶颈。在这种情况下，我们成立了清华大学（建筑学院）——中南置地数字建筑联合研究中心，经过多领域协作研发，现在我们突破这个瓶颈，而且可以协同打印，施工过程流畅，打印的厚度和直径可以控制，实现了很多以前很难实现的设计。我们的未来目标是要把这项技术推广到建筑工地，用于建造完整的建筑物。

武家庄花园施工现场

目前我们团队还在研究自动设计软件，具备世界著名建筑师的建筑风格，将用户的要求输入电脑，可以自动生成不同风格的建筑，也许以后就没有建筑设计师这个职业，就像过去的铁匠到现在已经不复存在一样。这项研究的目的是提醒建筑教育要调整知识结构，加入新的内容，满足时代的要求，满足社会发展的要求。

谈材说料：您早年曾留学日本、美国、欧洲，游历世界各地，请问国际的视野给您的智能建造带来了什么？

徐卫国：我是 1986 年毕业后留到清华，1989 年先去日本，随后游历美国、法国等国家。在这个过程中了解不同的文化、不同的建筑，做到知己知彼，建筑师最终还是需要立足于建筑市场的要求，而全世界建筑市场最大的就是中国。

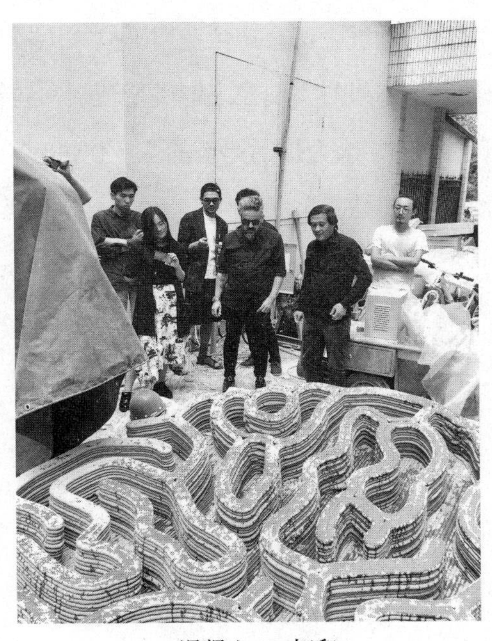

混凝土 3D 打印

2004年到2013年我们共组织了五届国际青年建筑师策展。通过各国青年建筑师和学生的作品，我也更详细地了解到世界各地的情况，更好地推动数字建筑的发展。中国在建筑方面的问题很多，需要解决的问题也很多，要满足建筑行业的要求，最重要的就是走向数字建筑，解决劳动力短缺、造价高等各方面问题。现代建筑应满足高质量的个性化需求，创造美好的人居环境，实现个性需求批量化定制的目标，从根本上解决成本问题。

国家“十三五”项目要实现建筑工业化，大力推广装配式建筑，但装配式建筑有一定的局限性，组装前需要从工厂运送到工地，构件的大小、路途的远近，都会产生费用，成本比较难控制，且运输时污染较大。如果能实现在工地进行预制和装配建材，会大幅度节省运输成本，大力推动建筑的工业化进程，这就需要借助数字建筑和智能建造。

（采访：王天恒　杨娜　张巍巍　文字整理：张巍巍）

朱尚熹：低碳的无碳故事

朱尚熹，1954 年 12 月出生于四川达县，从事雕塑、公共艺术、数字雕塑。现担任中国工艺美术学会雕塑专业委员会顾问委员会主任，中国美术家协会雕塑艺术委员会委员，中国雕塑学会常务理事，中国《雕塑》杂志主编，中国雕塑学会网主编，全国城市雕塑艺术委员会委员，中国城市雕塑家协会常务理事，北京美术家协会理事，北京美术家协会雕塑艺术委员会副主任，英国皇家雕塑家协会专家会员，英国肖像雕塑协会会员，美国雕塑协会会员。

谈材说料：请问您和张宝贵是怎样认识的？请谈谈您和他的故事。

朱尚熹：上世纪 90 年代我刚从中央美术学院硕士研究生毕业，被分配到北京建筑艺术雕塑厂工作。大概是 90 年代初的时候，张宝贵使用的材料叫再造石，那时候我们就知道他的情况。

他的再造石在业界很有名，我很早的时候就听过他的演讲。因为我曾经在 90 年代中期担任过中国工艺美术学会雕塑专业委员会的秘书长，我们专业委员会跟《雕塑》杂志社办过一个中国雕塑学术论坛。我们请张宝贵先生在我们的中国雕塑论坛做演讲，那会儿我们就认识他了，而且还非常了解他的演讲才能，他的演讲很有激情。

对其个人的深入了解，应该是2016年底2017年初的时候。那段时间我们经常碰见，他有点儿埋怨说，雕塑界就是这不太重视他的再造石或者低碳材料。我们几次接触之后，我就说，雕塑界其实对低碳材料很感兴趣。只要在雕塑上真正运用一次，以后雕塑界对你的材料，就会有更深的了解，你感不感兴趣？用你的再造石，我跟你做一次低碳雕塑的策展？这是一个机会，也是一个契机。就在那个时候，张总提出了低碳材料的概念。

我们接触一两次之后，感觉他很有想法，也很有激情。每次听他在聊低碳材料的时候都滔滔不绝，讲他自己的想法，也包括他自己的对低碳材料上升到哲学层面的一些思考。

我则是一个非常实际的人，喜欢把一个好的想法落地。就这样，我就很主动地协助张总，把低碳雕塑的想法往前推进。接下来，我们俩就联合策划了全国首次的低碳雕塑创作营。磨合了三四个月，我们边聊边修改，然后就真正地把所谓的低碳雕塑启动了。在这个过程当中，我们有了深度的了解。这就是一个实现低碳雕塑想法的过程，也是我与他相互之间了解的过程，后来就建立了信任。

垕（张宝贵）

生命与空（许庚岭）

这样一个低碳雕塑的成果取得如此顺利，得益于我与张宝贵先生的一拍即合。我们把艺术家叫到一起参与整个活动，因为要降低企业的承受能力，我们的参展艺术家，包括张总自己，基本上是免费参与的。就当是玩儿了一次，要把这些作品做成，企业也有一定的投入。完成的作品都是摆在他们自己的厂区院里，所以整个流程就特别简单，决策也特别果断。他觉得行，我觉得能够把艺术家叫到一起，这个事儿就做成了！

从专业角度讲，我还是觉得最后形成的“低碳雕塑园”还是挺高大上的。他这个园子不大，二十亩地，我们十二位艺术家每人出了两件作品，一共 24 件摆在他的园子里，加上一个超级大草坪，显得特别洋气，很有点儿那种西方雕塑公园的范儿。

化蝶（杨金环）

重构（邢华锋）

这十二位艺术家的作品都是由我来精心挑选的,张总认可。我们这个创作营名字叫“低碳时代——2017 中国首届低碳雕塑创作营”。

谈材说料：请您谈谈对低碳雕塑的理解，它的价值是什么？

朱尚熹：低碳理念在我们这个雕塑创作营响亮地提出，实际上迎合了一个时代的需要。现在正好赶上我们国家对于生态的关注，尤其是十九大以后，对蓝天的保护，对资源的保护。从历史节点上面看，低碳雕塑的提出与今天的国策具有很高的契合性。

我们的低碳雕塑展，从雕塑的角度讲，我认为是雕塑开启了低碳时代。因为雕塑将低碳的理念是以艺术品的形式来呈现的。每当我们在讲低碳时候，其理念很抽象，它需要一个符号性的东西、一个标志性的东西或者说一种形象性的载体来呈现，来开启。雕塑就起到了这种作用。

宝贵的低碳材料从本质上讲属于混凝土。尽管改革开放以后的雕塑大发展时期，雕塑家们对混凝土的使用相对少，低碳材料运用在雕塑上虽然没那么普遍，但在西方现代主义以后，很多艺术家都在试验和使用混凝土材料。比如亨利·摩尔和布朗库西等人都有很好的混凝土作品。

至于低碳的理念，除了使用的材料以外，雕塑创作本身就应具有“低碳”的性质和可能性。就是说我们做雕塑的时候要尽量做到语言的节约，不多说话，不追求繁复之风，风格的复杂也是一种浪费，浪费了材料同时还浪费了我们的精力。创作尤其要做到适可而止，雕塑也应该做到言简意赅，这就是一个很深层次的关于雕塑的低碳理想。

雕塑的根本问题是空间维度问题，如果说宝贵的材料还是低碳的话，那么在雕塑上扮演重要角色的空间则是一种无碳材料。在这次低碳雕塑创作营中我对于所选择的作品持有充分的信心，就是因为这些作品的空间维度是良好的，它们是真正的雕塑，它们是低碳与无碳的结合体。

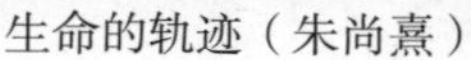

生命的轨迹（朱尚熹）

云的印象（郭煜）

当然，张宝贵的低碳材料是有特殊和具体的指向的，那就是混凝土里面添加固体的废料，城市建筑垃圾。

谈材说料：您都使用过什么材料做雕塑，混凝土艺术雕塑有什么特点?

朱尚熹：我跟张宝贵一起策划雕塑创作营。其实也是我第一次这么大规模地做混凝土雕塑，之前只有一两次。我的本科是中央工艺美术学院，我的研究生在中央美术学院上的，应该算学院派吧。学院派出生的雕塑家都是用泥做雕塑，然后铸造成青铜，刻成石雕，现在有不锈钢，我使用过的材料也就那几种材料，其实很有限。混凝土雕塑，我以前接触过一两次，它的最大特点就是造价便宜。改革开放以后城市雕塑大发展，我们雕塑界确实对混凝土雕塑有一些误解，认为太廉价、不够上档次。通过这次 2017 北京首届低碳雕塑创作营的实践，对这个材料有了一定深度的了解。

回旋空间（邢华锋）

梦（赵勇）

实践已经证明混凝土还是有很强的表现力的，它们的艺术效果是很好。它不仅仅可以模仿青铜，模仿石雕，而且还有强烈的个性化语言。西方很多大师都用混凝土做雕塑作品。混凝土在他们手里，表现力是非常强大的，能展示混凝土自身的魅力，而不是拿混凝土去模仿别的材料。

谈材说料：请问张宝贵创建低碳雕塑园的初衷是什么？您做了哪些工作，都有哪些优秀的作品？

朱尚熹：2017 年 11 月，“低碳时代——2017 北京首届低碳雕塑创作营”的雕塑活动闭营，“北京低碳雕塑公园”就是该活动的成果。24 件作品完成后需要有落脚点呀！张总就把企业的后院开辟出来，蓝天白云之下草地之上，3 米到 6 米的作品散落期间，或横卧、或矗立，显得很高大上。

我们的24件作品都是优秀作品，不去排队哪件最好哪件不好。我们这个低碳雕塑园的雕塑作品可以跟任何现行的国内雕塑公园的作品相媲美。它们的造型、审美水准、尺度的把控、还有整个作品的成色，都不会次于全国现行的任何雕塑创作营作品，我可以夸这个海口。

生命的结构（朱尚熹）

谈材说料：您对张宝贵的低碳理念持怎样的看法，您认为他的理念和方法得到认同和推广的关键是什么？

朱尚熹：我是这么认为的，张宝贵最早提出再造石概念，最后提出低碳材料的概念，并强调进一步大量使用城市建筑垃圾。我觉得他所思考所做的这个事情是超前的，也很成功，他是个成功的企业家。与此同时，他还是一位成功的艺术家，也正因为是一位艺术家，他才有那种敏感和使命感把雕塑与低碳材料结合一起。

谈材说料：您对我们出版社做这场低碳主题的沙龙有何评价？

朱尚熹：我的评价肯定是积极的，任何关于保护国家生态的活动我觉得都是有价值的。其实低碳主题，我倒觉得从张宝贵的低碳材料展开应该进一步扩展到别的范围，别的专家和艺术家也许能够拓展出更宽更深的思路。沙龙就是交流，就是头脑风暴。这个是全社会的响应，这对于我们国家的生态保护是有积极意义的。

（采访：王天恒　文字整理：章爽）

王栋民：做固废的入口，原料的出口

王栋民，中国矿业大学（北京）化学与环境工程学院教授、博士生导师，中国矿业大学（北京）混凝土与环境材料研究院院长，中国硅酸盐学会固废与生态材料分会理事长。长期致力于现代高性能水泥混凝土材料及其化学外加剂的精细化工合成与应用以及工业/矿业固体废弃物处理与生态环境建筑材料制备与应用的研究。在现代水泥混凝土材料及外加剂、固废处理与生态材料领域做了大量科研与技术开发工作，取得了显著成果。

谈材说料：王教授，工业和信息化部 2018 年 5 月 18 日发布了《工业固体废物资源综合利用评价管理暂行办法》及目录，生态和环境保护部最近发布《中华人民共和国固体废物污染环境防治法》草案在征集意见，国家从各个层面对固体废弃物污染都特别重视，对此您有什么看法?

王栋民：十九大以后，生态文明提高到新的高度，成为五大文明之一，这是一个很高的高度。现在工信部、环保部，还有其他一些政府机构不断出台相关办法，这些实际上也都是在落实十九大政策，这也是我们国家经济发展到现在这个阶段以后，一个必然的结果，一个必然的趋势。

工信部是管工业的，主要就是工业生产和经济发展，但是现在把环境也纳入到它监管的范围,但它的分工跟环保部不同。环保部是从环境治理的角度来考虑这些问题，工信部是把环境问题纳入到工业发展的一个方面了，所以这两个角度不同。但是两个部门对固废的利用、处理和资源化或者无害化，实际上最后会形成一个相互促进的效果。当然这两个部门我们理解实际上也是不一样的。

工信部是从工业发展的角度，要求更好地实现工业的可持续发展。比如煤炭行业，它的主要产品是煤，但是出煤的同时伴随有煤矸石，煤矸石是固体废弃物，并且如果太阳直射、温度过高可能会发生自燃，造成很多环境问题。所以煤炭行业的可持续发展，不仅是要把煤能安全地开采出来，同时也要把煤矸石合理地利用处理掉。电力行业也一样，电力行业主要是发电，但是发电的同时会产生很多粉煤灰，如果不利用掉就会产生环境问题。所以电力行业的可持续发展，是在节能减排、高效清洁发电的同时，减少大气污染和地面污染。同样的，像冶金行业、化工行业、有色行业等，都面临同样的问题。环保部更加注重解决环境问题，比如水的污染、空气的污染，还有固体废弃物的污染、土壤的污染，就是要治理污染、减少污染、消除污染。从这个角度，它可能涉及固体废弃物污染的减小或者转化，还有一些危险固体废弃物的处理。所以不管是这两个文件的出台，还有很多其他一系列文件的出台，都是从这两个不同的角度来考虑问题的，但最后从老百姓的感受来讲，都是要解决生态环境的问题，同时实现工业可持续发展。

现在出台这两个文件，时机也是非常好的。以前大家觉得挣钱是第一位的，国有企业要为国家创收、为职工谋福利，民营企业要消纳就业、让员工改善生活。这些考虑都很正确，但是在侧重这方面的同时，环境污染的问题还没顾得上。现在随着经济和社会的发展，还有人们认识水平的提高，大家对绿水青山、碧水蓝天的需要更加迫切，这是经济社会发展的一个必然结果，也是人民群众对美好生活更高追求的一个结果。

谈材说料：环保行业与建材行业，会不会因为立场不同而存在一定分歧？

王栋民：环保口、建材口确实是有不一致的地方，因为两者的出发点是不一样的，但从根本上讲其实是一致的，经济发展跟环境保护最后都是造福于民。

刚才提到建材行业等，都属于工业和信息化部这个口，工业口也讲究环保，但可能更注重的是在经济发展基础上同时要兼顾环保，就是说一方面要能经济化发展，为环保创造条件；另一方面搞好环保也能更好地促进工业经济的发展。国家也赋予了工信部这方面地职能。

从国家战略的角度来看，我们讲的环保其实是一个大环保的概念，所有的行业在环保部门看来都是一样。只要是涉及危害环境的问题，就是该检查检查、该治理治理、该整顿整顿，甚至停产。举一个例子，比如我们要盖一个大楼，有施工单位，也有监理单位，监理单位就专门给这个施工单位找毛病。环保部门的职能就相当于是从环境角度给工业发展加上一个监管。对固体废弃物，特别是危险固体废弃物，国家采取的监管措施非常严厉。

谈材说料：固体废弃物分哪几类，处理的方法有哪些?

王栋民：固体废弃物可分为两大类，一类是一般工业固体废弃物，一类是危险固体废弃物。一般工业固体废弃物主要是如何资源化利用的问题。危险固体废弃物主要是需要进行一个无害化、固定化处理，让它哪怕封存到一个地方去，限制在一定范围内。

危险固体废弃物有些也是可以转化的。比如像耐火材料行业的美络砖废弃了以后就是危险固废，要经过非常严格的处理，但让它转化成三价铬就没问题了，就可以作为一般固废来利用。还有像那些有放射性的废弃物，可以做沉海之类特殊的处理，就相当于是封存了。这些危废本身是放射性的，要把它转化成非放射性的话，要从更深的原子物理的层次上去考虑，处理起来成本就很高了，所以目前只能用封存的方法。有很多危废处理是非常复杂的。

谈材说料：在工业固体废弃物资源化利用方面，您认为目前还存在哪些问题?

王栋民：资源化是一个挺重要的、也是挺大的一个主题。在资源转化方面我国投入的力量和产生的效果，还是非常显著的，甚至某些方面在国际上也是领先的或者有相当的地位，在这方面还是做得不错的。固废资源化利用存在的主要问题经过梳理，我认为主要有三个。

第一个问题，就是很多固体废弃物量非常大，就是说相对于它的被利用量，它的存量太大了。从供求关系的角度讲，就是说对固废的需求没有足够的大，而它的供应是足够的大。一些典型的大宗工业固体废弃物，其存量按亿吨级计算，像尾矿目前存量是几十亿吨，粉煤灰、煤矸石存量是几亿吨、十几亿吨，这个量非常大。虽然我们是有一些好的渠道、方法、手段去利用，而且证明是很有效的，但是固废的存量太大，我们用不掉那么多。

第二个问题，其实与第一个问题是相关联的，就是区域发展不平衡。固废产量非常大的地区，基本上是以工业或者矿业为主的地区，经济需求、建设需求的总量没有那么大，所以固废在这样的地区大量富集，这就是区域发展不平衡。同时，固废的远距离运输还有些问题，主要是运送距离太远，成本太高。

上面讲的两个问题是大宗工业固废共性的问题，也是比较核心的问题。

第三个问题，就是从学术的角度，对这些大量的、不同种类的固废进行系统地梳理。过去我们学物理学、学化学，比如说能量守恒原理、物质不灭定律，就类似于此，对固废的资源化利用，我们也希望提出几个类似这种根本性的原理。然后把这些不同种类的固废按照这几个原理，套用进去就都能转化成一个有用的、好的东西。这应该是学术界、科学界花大力气去研究、去解决、去攻关的事。

卡尔·萨根在《宇宙》中有句名言："现代物理学与化学将纷繁复杂的世界变得惊人的简单明了"。科学家研究发现，大地万物甚至是宇宙太空，物质是成千上万上亿的，根本就数不清，但化学元素就那么多种，是有限的。从化学的角度来看，固废也都是由这些化学元素组成的。我们通过分析它的化学成分、矿物组成、晶体结构、活性，还有其他我们现在还不能确定的那些应该去探求的结构和性能，把这些东西全部弄清楚了以后，实际上固废的本源就是原料，根据不同原料的特性，就转化成相应的产品。

一般推动技术进步有两条途径。一条是通过科学推理，再做验证，证明推理的正确；另一条就是从实践中来，找到正确的方法。我们试图将这两者结合起来，最后可能会做得比别人稍微好一点或者前沿一点。这是我们努力的方向。

谈材说料：目前国家密集出台关于工业固废的相关政策，那么跟固废相关的企业，一方面生产固废要交税，另一方面处理固废肯定也要有成本，压力是不是很大？

王栋民：这个问题要看是怎么想的。比如说你们家里做饭，做出来很多好的东西吃掉了，剩下的东西你也不能就天天在家里放着，乱扔也不行。其实企业也是这样的，好的东西你利用了，不好的东西也不能放着，不能随便乱扔，肯定得处理掉。现在有一个说法，就是谁弄出来的就是谁的，谁排放谁治理，责任是在排放者那里。所以固废处理是企业必须要做的事，而且肯定有成本，这个成本应该进入到企业整个生产的全成本控制里面。

比如电力企业，现在国家一个电厂就给一个固定容积的坑，这个坑是给周转粉煤灰用的。这个坑堆满了，企业就得停产。而且在新建电厂的时候，配套的处理粉煤灰的整个方案、生产线都要全建好，发电的时候产生的粉煤灰就通过这个生产线全转化成产品。还有一些做碳酸纳的碱厂，生产碳酸钠时会排出来叫“白泥”的固废，也是给那么一个坑，填满以后企业就停产。现在煤炭行业也受到限制，煤矸石也不能随便堆放，也得处理。现在企业在做主产品的同时，产生的工业固废也得协同处置解决，企业如果不解决的话，就要接受协查，或者遭到停产。

谈材说料：在进行固废处理的时候，大企业相对资金比较有保障，小企业是不是面临的情况更严重?

王栋民：从职责来讲，企业进行工业固废处理和资源化利用是责无旁贷的，无论大企业，还是小企业。大企业产生的固废也多，小企业产生的固废少，但是都要纳入处理的范围。处理过程中肯定会增加一些企业成本，但是这个事是必须做的。以后还会加大力度，现在企业在固废处理上不作为最多就是罚款，以后法治逐步完善了，如有违法，还可能判刑呢。现在行业中有一些人，因为某种原因失信，被限制乘坐飞机或高铁，影响比较大。所以对环保这个问题，政策会越来越严，力度会越来越大，但对固废行业或企业来说，应该是一件好事。

谈材说料：对企业来说，如果把环保问题解决了，政府是不是给予减税?

王栋民：不是说“关上一个门就会给你开一个窗”吗？国家政策出台的目的是促使行业向更健康的方向发展。所以企业固废利用达到一定比例以后，会有减税或者免税，还有大幅度的补贴。像危险固体废弃物，企业处理一吨补贴一千块钱，有的补贴还更高，相当于把处理的成本覆盖了。

生活垃圾焚烧以后的底灰，属于危险固废，处理起来很麻烦。我国有些大型企业上了处理生活垃圾的生产线，处理一吨生活垃圾国家补贴一千块钱，而且生活垃圾处理完以后，通过沉淀分离，那些毒性大的东西如果分离成原料的话，都是值钱的原料，也能卖钱。所以国家有关危险固废的政策出来以后，等于给企业又开了一个窗子。企业不会光投入没有产出，而且还是能赚钱的，同时还会调动那些会搞研究的人，将其研究成果应用于成企业。

举一个例子，很多电子产品坏了以后变成废弃物，要是进入到土壤里危害很大，但它分离出来的那些重金属、有价金属都很贵，被会分离的人弄出来，那不就是相当于一个金矿，淘出来的就是金子。所以现在国家也立了一些引导性的项目，促进固废资源化利用和危废无害化处理。但是很多东西其实与原始的创造性、原始的冲动有关，实际上如果企业要真正想干事儿，就是国家不给钱，也能干。

谈材说料：作为中国硅酸盐学会固废与生态材料分会理事长，目前您认为分会的工作重点是什么？

王栋民：较早前大家有一些疑问和顾虑，一种就是认为固废跟中国硅酸盐学会业务无关，还有一种是别的行业能否接受中国硅酸盐学会的管理和领导。因为中国硅酸盐学会下面的分会都对应建材的某一个行业，如水泥行业、玻璃行业等。但固废很杂，涉及几十个行业，每个行业都存在这个问题，这些就是面临的问题。后来我就给他们整个分析了，我说各种固废都是地球资源的一些转化，都是以硅酸盐矿物为基础的，并且说服了学会与行业高层，如此固废与生态材料分会得以顺利问世，并逐渐发展且得到普遍的认可、支持和参与。

固废是地球资源的一种转化，这是什么意思呢？我们的地球资源、地壳结构，其中二氧化硅含量是50%，三氧化二铝含量是25%，所以硅、铝元素的含量就是75%。其他的东西，所有的矿都是一些特定元素的富集，硅、铝占75%，钙、镁、铁等其他各种元素在里边都占一定比例。比如煤就是碳，碳的富集就形成煤矿，但是煤焚烧过以后，剩下的灰的成分跟黏土矿物成分一样。比如铁矿石，把炼钢、炼铁等有用的提取以后，剩下的灰渣也是这个成分。有价元素那些有用的东西提取走以后，剩下没用的东西就回归到地球的原始组成。这样我们烧水泥时，就不用加黏土，就用固废，因为固废的成分跟黏土一样。这样既处理了固废又保护了黏土，这是多大的功德啊。这是一个最基本的、简单的，但是是一个根本性的认识。基于这种认识，我给领导论证在中国硅酸盐学会下边放一个固废分会，第一是必要的，第二是可行的。

固废分会在全国行业的发展和影响完全超出了中国硅酸盐学会对我们的要求，也超过了我们自己的预期。我们完全营造了一个和谐的、平等的平台，促进交流，促进产学研合作。

我们一开始是叫固废分会，现在全称叫做固废与生态材料分会。这个名字实际上就涉及一个入口，一个出口。进来的都是固废，出去的变成生态材料。只有把这两个东西结合起来，才是一个完整的、比较好的东西。我们的职能，一个是固废详细的研究，二个是材料的资源转化。我们这个平台就是一个完整的体系，这个体系的设计，也还是仔细琢磨了的。最后这套设计，中国硅酸盐学会、中国工程院，还有国家自然科学基金委、科技部，他们都觉得这个还不错，非常符合国家的方针政策。

今年八月我们将在西安召开第三届中国固废处理和生态材料学术和技术交流会，这是一个跨行业的学术盛会。国内学界和业界将就固废的资源化利用和材料转化进行深入的学术讨论和技术交流，同时也希望由此更好地推动我国的产业发展和生态环境的极大改善。

（采访：李春荣　章爽　文字整理：李春荣）

曹晓昕：设计本无界

曹晓昕，毕业于东南大学（原南京工学院）建筑系，任中国建筑设计院有限公司副总建筑师、第三建筑专业设计研究院院长、器空间建筑工作室（原第七建筑工作室）主持建筑师。国家一级注册建筑师、APEC 注册建筑师、教授级高级建筑师、北京建筑大学硕士生导师、东南大学和武汉大学客座教、品那儿创意机构（Pinar.cn）创始人兼设计总监。曾获中国青年建筑师设计竞赛优秀奖、中国青年建筑师奖、全球青年华人建筑师奖、当代中国百名建筑师奖、中国设计红星及红棉奖。

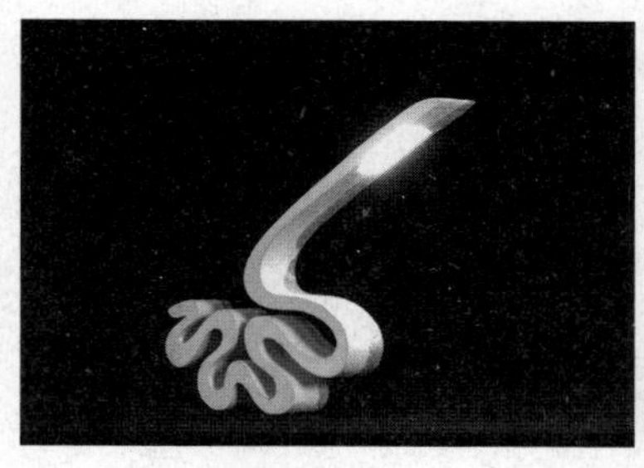
混凝土行云灯

设计室内混凝土桌椅

谈材说料：您的作品中有很多是混凝土材质的，例如混凝土行云灯，室内的桌椅也是混凝土制品，您为什么会选择混凝土这种材料呢?

曹晓昕：混凝土本身跟其他材料相比就是环保的，不像石材需要矿山开采，容易造成对自然山体的破坏，加工过程中也不容易产生粉尘污染。我本身是比较推崇混凝土的，因为它是人类历史上最便宜的人工合成材料，一吨只需要几百元，也是资源节约的一个体现。

近几年我一直都在做材料的研究，包括混凝土的工艺，在东南大学每年都会有两周的《材料与工艺研究》课程。我的思考是，以前的设计师比较被动，在设计的时候遇到问题才会想办法去解决；而现在设计师需要主动的，先研究材料的性能、表现力和工法，然后将研究成果运用到新的建筑设计里，才能做到不是被动的，且对设计具有启发性。例如，我们在研究的柔性混凝土，可以用柔性模板去重塑混凝土的表现力。

柔性混凝土——仓鼠的家

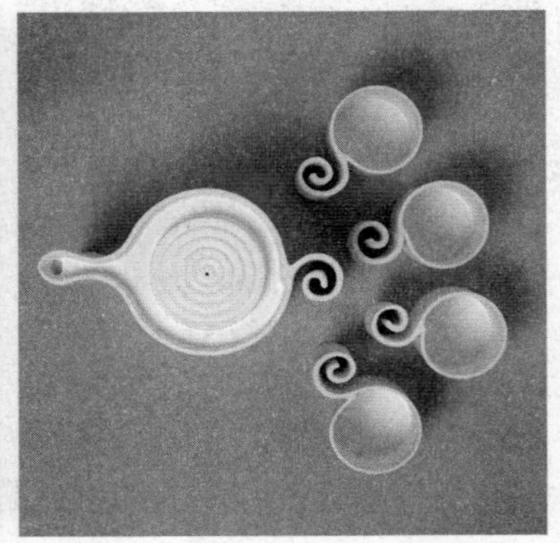
柔性混凝土——如意茶具

中国的设计创新和所有科技创新是一样的，都是沿着欧美建筑师给定的一些方向去设计。比如谈到混凝土表现力的时候，或者想到类似柯布西耶的马赛公寓那样粗野式的混凝土，或者想到类似安腾忠雄清水细腻的混凝土，或者想到类似阿尔瓦罗·西扎石膏一样的混凝土，除此之外，便几乎没有其他了。而我所研究的就是打破这样的框架，利用先进技术，通过实验重塑混凝土，提高表现力，打破了传统混凝土冷冰冰的感觉。在这个研究的基础上，设计出很多暖心作品。

无论是小杯子还是大房子，它们的设计都是相通的，需要从材料材质、工艺出发，这也就是全界设计。设计本身无界可言，建筑师进行全界设计是对建筑设计的求本逐源，不局限在一个领域，恰恰是对设计的最好诠释。

多伦博物馆水墨混凝土视景图

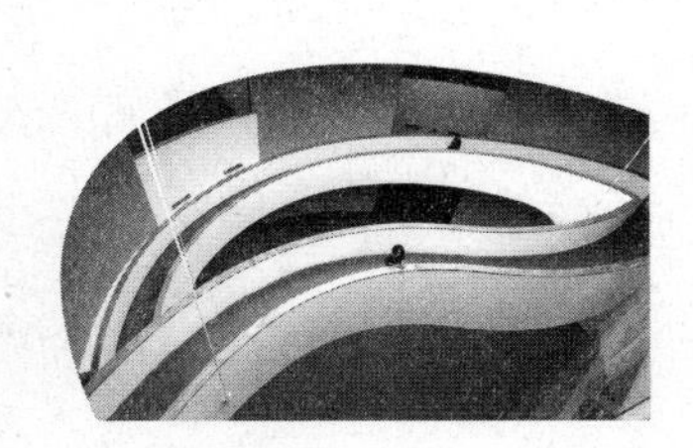
昭君博物馆室内坡道

谈材说料：座包是您推广的一件很重要的作品，受到了很多普通大众的欢迎，请您介绍一下这个作品的创作过程。

曹晓昕：这个 idea 最开始是学生杨晓燕做的毕业设计，在北京 798 展览时被我发现。当时我就认为这是可以改变许多人生活的设计，是大设计。如果把一个手机壳做得很漂亮，或者设计出一些特点，这只能说是一个小设计，因为不太能够改变人的生活。而如果一种新设计，或者说新物质，它诞生后会对人类生活带来一个很大的改变，比如电脑，这就是大设计，也是最重要的设计。设计的大与小，不是体量决定的，而是看这个设计对人类生活的改变程度。

这个座包可以说是设计师对一二线快节奏人群的一种关怀，比如在公交站或者地铁站，疲惫时候可以坐下，而且是很体面地坐，而不是坐在台阶上。座包进入市场之后，很多球队给家属采购了座包，避免看球的时候站在场边；许多身体不太好的老人或者病人，习惯走一走歇一歇，都比较喜欢这个设计；我母亲也特别喜欢这个包，她每次提着去买菜，回来的路上会路过街区小花园，坐着休息一下，和周围的朋友聊聊天。同时，这个包还很适合有肾病的人，这类人不能劳累，累了能坐下对他们这个群体很重要。

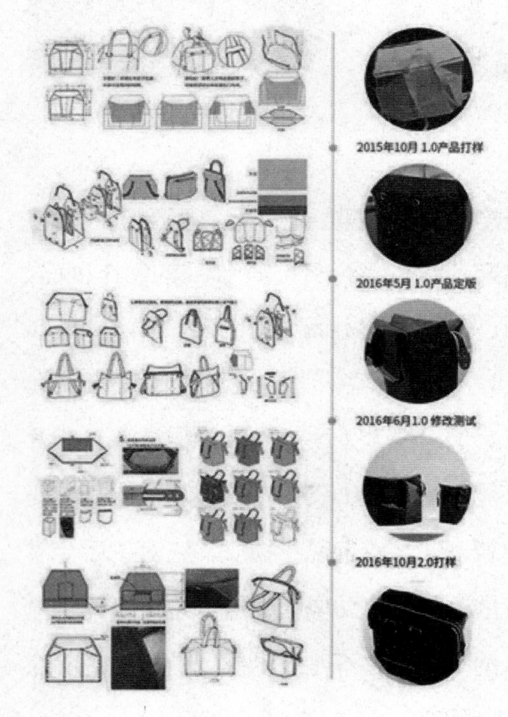

座包设计过程

座包从最开始的创意到最终大规模上市，整整经历了 20 个月的时间。11 次的反复打样实验，从产品结构到用户体验，从产品重量到人体工程学，从包的容量到颜值，从主辅料定制到防水防尘，建筑师对产品细节的不妥协在这款座包的打造过程中表现得淋漓尽致。这个座包经过设计经过近一年的打磨，改善了最初偏重、强度不高等种种弊端。这个包价格非常亲民，完全是为普通老百姓做的设计。

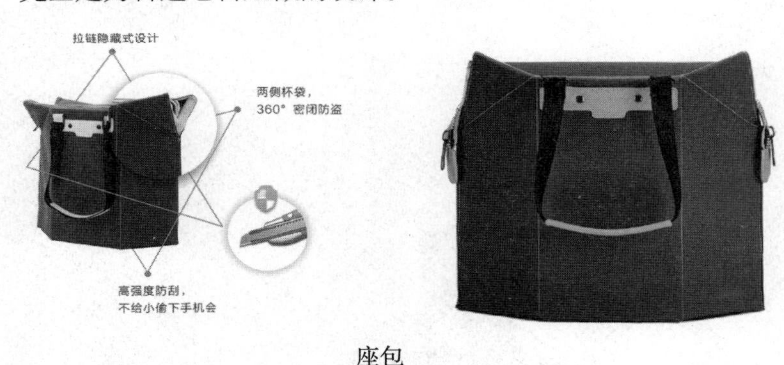

座包

（采访：王天恒　杨娜　李春荣　张巍巍　章爽

文字整理：张巍巍）

胡幼奕：让天然资源尊贵起来

胡幼奕，毕业于武汉理工大学复合材料专业，国务院特殊贡献专家，教授级高级工程师，曾在中共中央党校和英国米德尔塞克斯大学商学院进修。曾任国家建材局玻璃钢研究设计院副院长、国家建材局技术情报研究所所长、中国贸促会建材行业分会常务副会长等职。现任中国砂石协会会长，兼任中国国际商会常务理事、中国建材经济研究会副会长，科技部“863”项目评审专家，科技部国际科技合作项目评审专家，中国建筑材料联合会科教委委员，中国发明协会发明奖评委会评委，国资委高级职称评审专家等。

谈材说料：胡会长，请您谈谈我国砂石行业应该如何践行“绿色、节能、环保”三大理念？

胡幼奕：2017 年，我们提出“科学发展——建立砂石材料工程学；绿色发展——建设生态工业园区——砂石骨料 4.0”。

砂石企业园区

砂石骨料 4.0 提出建设石矿开采 + 砂石骨料 + 粉末站 + 商品混凝土 + 混凝土部品、构件制造 +PC 建筑 + 固废资源综合利用及产品、海绵城市透水产品 + 废弃石矿生态修复等为一体的智能化控制的生态工业园区，并在园区附加土壤改良、生态农业、生态林业、茶业、酒业、历史、文化、教育、休闲度假、养老以及相关公共事业等社会功能的第一、二、三产业融合发展和共享发展的新模式。该模式的设计思想是：以生态优先，全产业链一体化生态发展，所涉及和进入的企业，是产业链上下游企业，相互补充，相互依存，相互发展，避免了传统工业园模式带来的各企业间的竞争，能够最大限度地集成相关产业，获得最高的效率、最大的经济效益、生态环境效益和社会效益等，实现砂石及相关产业的转型发展、绿色发展、创新发展、合作发展、融合发展、共享发展、和谐发展。

谈材说料：建筑垃圾和工业固废已经成为我国固废产生量最大、破坏性最强的两个固废类型，对其治理和综合利用所面临着的挑战是什么，该如何推进？对于一些企业积极将建筑垃圾利用起来用作艺术雕塑、用于新型建材的举动，您怎么看?

胡幼奕：过去中国地大物博、资源丰富，实际上人均占有率比较低。资源又是人类生存和发展的物质基础，所以再生资源综合利用是必须要做的，一是可以减少环境污染，二是可以节约天然资源，实现有序发展。

固废治理和综合利用所面临的挑战是什么?

一是国家政策体系不具体、不配套、不完善，都是粗线条的。比如，目前我国还没有有关再生骨料的标准规范，建筑设计体系里边也没有含再生骨料。相反，发达国家都有很详细的明确的规定。建筑垃圾和工业固废的综合利用是大家的普遍共识，但目前其产品仅限于用在一些边边角角的地方，并没有进入主流材料。这就需要国家政策的规范化、具体化。

砂石企业园区

二是“入口”的问题。目前固废利用企业都是特许经营，企业有多大面积、多大区域，每年能产生多少建筑垃圾，需要建多大规模的企业，这些都需要国家和政府去布局。

三是“出口”的问题。目前固废资源利用在技术上存在一些问题，但经过各方努力都能做好。主要的问题是，把固废做成产品之后卖给谁、朝哪用。

还有一个影响固废综合利用的核心因素，是我国天然资源很便宜，再生资源的利用就没有出路。如果国家没有具体政策规定，没有相关固废利用的具体路径和措施，再生资源利用推广起来难度很大。

目前建筑垃圾或固废除了能做一些辅助的东西，也可以用在海绵城市建设，做透水砖、景观步道等。用来做雕塑、工艺品等方式，也是很好的一个利用途径，不仅能减少环境污染、节省自然资源，还能传播绿色发展、资源再生的理念。

固废做成的灯具

谈材说料：对广大砂石企业以及相关企业的生存发展，您的建议是什么？

胡幼奕：近年来，随着生态文明建设的不断深入，国家有关部委陆续发布相关文件。在一系列政策指引下，大力整顿和关闭传统的砂石企业，由此引发了砂石及相关行业的强烈震荡，多数砂石和装备企业面临生存和发展问题。

当前，国家大力推进新城镇和基础设施建设，机制砂石及装备正在成为一个新型庞大的市场，新理念、新技术、新装备、新企业、新人员、新行业等正以前所未有的速度和规模进入砂石骨料和装备行业，各自的背景、技术、经验和做法差别较大，群雄逐鹿；在供给侧结构性改革和产业结构调整中，资金在“脱虚向实”，大资本也在进入，问鼎砂石；各种情况交织在一起，使原本单一的砂石及装备产业变得错综复杂。表面上砂石骨料及装备供不应求，实际上企业竞争加剧，机遇与风险并存。

十九大后，绿色矿山建设已成为国家意志，上升为国家行动。生态环境保护、绿色矿山建设将不再局限于以前的试点地区，而是在全国范围内建立绿色矿山建设标准体系。产品质量好、高效节能装备和注重生态环境保护的企业将迎来大发展。

用固废做的房子

谈材说料：您对我社举办低碳主题的沙龙有何看法?

胡幼奕：低碳发展是今后我国相当一个时期的一个发展主线，必须这么做。目前我国资源枯竭、环境污染严重，人类要生存发展，尤其是习总书记的“两山”论，必须要依靠低碳发展。

这个时候来搞这个主题活动，当然是很及时，也有远见的，你们作为媒体，作为出版社来推动这个事情，对于未来我们建材行业低碳发展具有很重要的作用。

建设绿色矿山

（采访：王天恒　杨娜　李春荣　文字整理：李春荣）

赵凯：循环经济，是一个系统工程

赵凯，现任中国循环经济协会副会长兼秘书长、全国废旧纺织品综合利用技术创新战略联盟理事长、全国能量系统专业技术委员会（TC459）委员、全国产品回收利用基础与管理标准化技术委员会（TC415）委员、全国能源基础与标准化技术委员会合理用电分技术委员会（TC20/SC4）委员、国家节能中心专家组成员、石油工业标准化技术委员会石油工业节能节水专业标准化技术委员会通讯成员；高级工程师、注册能源管理师、北京大学光华管理学院 MBA。曾获得原国家质量监督检验检疫总局和国家标准化管理委员会颁发的 2009 年中国标准创新贡献奖二等奖和 2008 年中国标准创新贡献奖三等奖。

谈材说料：随着生态文明建设的深入推进，固废的综合利用逐渐成为一个热门话题，其中与大众息息相关的就是生活垃圾的处理。据了解，日本是将生活垃圾处理最好得国家之一，请您为大家介绍一下。

赵凯：随着国家经济的发展，城市的生活垃圾已经成为城市发展的主要障碍，大量堆积或掩埋都会带来水体污染、大气污染、生物污染等，一些国家很久以前就开始进行垃圾分类，并且已经将其作为基础教育的一部分，比如说日本。

日本是一个很干净的国家，他们对垃圾分类有一套体系，并不是简简单单地分开就好。日本有一本很厚的教材，从孩子们很小的时候就教育他们，垃圾应该怎么分类。

日本的“零废弃”小镇中没有一个公用垃圾箱。居民将厨余垃圾在家里进行堆肥，无法处理的部分进行分类放置，带到镇上唯一的垃圾分类回收站处理。小镇居民都知道，垃圾分类越细，可再生资源越多。镇上的零废弃学院是专业培训和宣传垃圾分类的学校，也会举办宣传“零废弃”的活动。去参观的人经常被小镇居民细致入微的分类震慑到，但是据他们表示“刚开始确实很痛苦，但大家看到环境慢慢改善，身体越来越健康，都可以自觉坚持分类了”。

将生活中的各种废弃物最大程度地回收和循环利用，做到零填埋和零焚烧，听起来像是神话，但是在“零废弃”小镇确实实现了，这也是生活垃圾处理、循环利用的最好方法之一。

谈材说料：您有一个知名的理念——“循环经济意识要从娃娃抓起”，提倡把垃圾分类知识写入义务教育教材中，请您谈谈这样做的意义。

赵凯：垃圾分类我认为首先要分得清，这需要几代人去努力。我们曾经提出一个活动，叫做“小手拉大手”，因为很多家长从小也没有受过垃圾分类方面的教育。“从娃娃抓起”，是让孩子先学会，然后影响家长，家长会非常认真地倾听孩子的意见，所以也会跟着学习怎么分类。这项活动实际上是一个有教育意义的事，不是简单单地针对小学生，而是可以影响两代人观念与行动的教育。在过去的教育体系当中，这方面是缺失的。现在国家大力在推广生态文明建设，它是一个系统工程，既需要机构企业去做，同时也是公民需要履行的义务，需要认真地利用好资源，秉持一种简约的生活态度。

看了国外的垃圾分类是很受启发的，我们最好可以把这些内容纳入到小学义务教育教材中。我举个例子，十年前手机还是蓝屏的，只能显示数字。十年前有微信吗？有共享单车吗？有支付宝吗？十年间，咱们的生活变化如此之大，产品迭代如此之快，我们的教材内容也要跟上这个时代的步伐。

要让孩子们养成良好的生活习惯，外国人的素质并不见得比咱们高，区别在于从小养成的习惯。例如垃圾的干湿分离，厨余垃圾要设置单独的垃圾桶等等。通过一段时间思维习惯的养成，改变固有观念，建立知识结构，养成消费行为，以此为基础，落实到行动上就会变得容易。思维模式一旦形成，一切都水到渠成。

谈材说料：请问循环经济的发展要从哪里着手呢？

赵凯：科学技术的创新推动了循环经济的发展。有了技术创新，有了创新的手段，循环经济的理念才能逐渐实现。过去炼铜产生的固废阳极泥都被当作废物堆存，有了创新技术之后，人们才发现阳极泥其实是金银财宝，可以提炼金银等贵金属，现在有的企业用这个来挣钱，所以技术创新是发展循环经济强有力的手段，而发展循环经济是企业的生存之本。

循环经济推崇前端减量，就是常说的“3R”，即减少原料 (Reduce)、重新利用 (Reuse) 和物品回收 (Recycle)。减量化要从生态设计开始减量，设计产品时用材尽量少，材料是百分之百能够回收的，或者把不能回收利用的比例降到最低，这叫做生态设计。生态设计推崇人与自然的和谐统一，尽可能地不产生废气、废水等废弃物，这样末端治理的压力大幅减少，也就是常说的全生命周期地利用材料，从摇篮到摇篮，而不是从摇篮到坟墓。原生材料的使用慢慢减少，用再生来补充原生，这才是真正的循环。

谈材说料：我们面临的日益严峻的垃圾大量堆积问题应该如何改善呢?

赵凯：是的，这个问题很严重，但是我个人认为它还是一个体系的问题。现阶段我国的技术层面和设备层面都很完善，政策也非常好，但是执行过程中环卫体系中的生活垃圾和再生资源是一个脱节的关系，所以说要把环卫体系和再生资源这两网融合。如果没有融合，有些有价值的东西，被居民丢在了垃圾桶里，然后被城市环卫车拉走，最后由小商小贩进行处理，这个处理我们叫它“灰色处理”。灰色处理指对环境造成影响很大，污染土壤、污染河道，并且没有任何的监控手段，生产的产品也没有质量保证的处理过程。 比如拾荒者将矿泉水瓶集中卖给小商贩，小商贩利用简单低端的处理方式制成新的矿泉水瓶，质量没有进行过检测，你敢用吗?

为什么说要从国家层面推行垃圾分类，制定规章制度呢?一是要充分利用资源，二是要堵住灰色产业链，全面规范化。这不是一个行业的事，需要全社会的协同。国家发改委原副秘书长范恒山说过，循环经济是一个系统工程，需要全社会共同参与，不同的岗位要做出不同的贡献。循环经济需要每个人都参与进来，只要是生活在地球上的人，都会和循环经济息息相关。

谈材说料：您认为应该如何推广低碳循环理念呢？

赵凯：我们要提倡绿色消费，要把绿色消费从理念落实到行动上。据了解，国外有一个“慢跑拾垃圾”活动，一边跑一边拾，跑完一圈，拾了一兜子垃圾，这对环境是有好处的。

循环经济这项事业，必须是一群有情怀的人才能做，需要从自身做起。例如，我的书包里会放一个布袋，反复用，买菜去超市从不用塑料袋。菜市场的塑料袋大多是劣质的，我不用，就是从源头禁止，如果居民都不用，塑料袋就没有市场，企业就不会再生产。

在工作中，大家用纸尽量双面打印，尽量用网络传输信息，就会减少用纸；少开一天车，多骑自行车，就是低碳出行；每次出差自己带杯子，拒绝一次性纸杯；自己背着牙膏牙刷，拒绝一次性牙膏牙刷等等，都是一种理念、一种习惯、一种意识。这种意识需要宣传，我们循环经济协会希望能把低碳、绿色、循环的理念转化成当下最流行的观念，传播给广大民众。

我们考虑做一场循环经济摄影展，展示循环经济整个过程中出现的各种有意思的创意，用一种生动、有趣、创新的方式，将低碳生活变成一种时尚，一种让大家愿意去追寻的生活方式。我们一起期待吧！

（采访：王天恒　杨娜　李春荣　文字整理：张巍巍）

齐子刚：卓越离不开创新

齐子刚，中国石材协会副会长兼秘书长。

谈材说料：齐秘书长，请您介绍一下石材行业的废料有什么，一般是怎样处理的？

齐子刚： 石材行业的废料，一类是矿山开采或加工过程中产生的废料，一类是加工产生的边角料和锯泥。石材在加工过程中，会产生废料。切磨产生的锯泥，通过排水沟流进沉淀池，需要定期清理。现在粉末经冲洗沉淀之后，沉淀的水要循环回来再利用，泥浆压成饼，回收再利用。边角料也可以作为填充料使用。另外就是花岗石的边角料可以提取钾长石，可作为陶瓷行业原料。

谈材说料：请您谈谈我国石材工业的绿色低碳循环发展的关键是什么?

齐子刚: 我觉得这个关键点，一个是生产过程要做到绿色发展，另外一个就是产品要环保。对于我们石材行业的粉尘，现在很多大企业都使用一些专业设备进行收尘，效果很好。中小企业条件差，国家也没有什么强制措施。环保部门让它整顿，就相对好一段时间，过一段时间政策有松动，它就又恢复原来的污染。

针对上述情况，我们出台了清洁生产的技术要求，之前定的电耗是 20 度，超过就是不合格。也就是说，生产企业每加工 1 平方米的石材，耗电不超过 20 度。而现在呢，我们把这个电耗降到了 18 度，这是我们中国石材协会对行业企业提出的更高的要求。

石材本身就是相对绿色的材料，是天然的东西，其物理特性几乎是无法改变的，也不需要改变。石材的生产过程中也力求做到绿色，而且这种绿色的生产方式已经很普遍，例如，水的百分之百循环利用；车间加工产生的粉尘，会使用水幕式收尘设备，利用设备产生的负压，吸走粉尘；边角料现在处理的方式很多了，碎石料可以做混凝土的补料，还可以用来筑河堤、铺路、砌墙；另外还可以将碎石破碎、筛分，其花色品种多，绚丽多彩，是生产人造石、水磨石、水刷石和装饰的好原料。这些原料加聚酯树脂或水泥，经过拌合、真空振动、成型制成人造石，再经磨切等工艺加工成装饰板材。过去是使用胶作为人造石的粘结剂，现在技术前进了一大截，有的企业已经开始使用经过改性的水泥作为粘结剂，可做成一种无机人造石，这种产品非常好，它本身就是利用废料做出的产品，而且不用胶，用水泥，是环保的；另外，以前采用胶的人造石无法在室外使用，根本经不起风吹日晒，现在用改性水泥做粘结剂的这种无机人造石，室内室外全都可以使用，大大扩大了人造石的应用范围；放在室内也不会有任何污染，可塑性非常强，颜色和花色都可控制，同时光泽度高，视觉效果非常好。有的企业生产的人造石强度可媲美天然石材，经过特殊磨头的打磨，光泽度可达 90 度以上。这是我们行业固废综合利用很好的例子。

现在很多地方政府为招商引资，发展石材行业，等企业来了以后，真正形成生产规模了又说石材企业污染环境。这里面有两方面原因，一方面是企业本身环保方面做得不够，另外一方面，就是当地政府没有严格监督这些企业把环保工作做好，还是更重视招商的目的。所以招商引资工作一开始的时候，地方政府就应该设立一道门槛，那些环保设备齐全、注重废物再利用的企业才可以来。提前把门槛设好，才有利于当地经济的可持续发展。

大理石排锯

谈材说料：石材矿山的开采对天然资源的消耗是不是很大?

齐子刚：是的。从严格意义上来讲，它虽然消耗天然石材资源，但作为石材行业本身来讲，因为它的加工过程是物理加工，还是冷加工，所用能耗比较低。另外，采完了石头以后可以做矿山的复绿，植被的恢复。特别是在老少边穷地区，有很丰富的石材资源，现在很多山区都在发展石材这方面的业务。

就资源来讲，开采石材这种天然资源，全世界各地也没有一个国家强令禁止的，都在开采。从我们国家的储量来看，我国供应内需是没有任何问题的。但是想要更多种类、更多花色的石材还需要进口。很多企业为了获得更丰富品种和花色的石材，专门派人到全世界采购。

谈材说料：像“宝贵石艺”这样的公司要怎样拓宽市场?

齐子刚：作为企业来讲，宝贵石艺一定要取得当地政府的支持，否则是做不成的。你到当地去，假如说你去收这些废料，有的时候量特别大，用不完；有的时候可能又供不上，所以这是存在风险的。当地政府的支持是什么，就是将所有这些废料统一处理给他，或者是给他一些政策上的扶持，比如说他能消化掉50%或30%，那就硬性规定给30%。像过去的粉煤灰，每利用电厂1吨粉煤灰，电厂给补贴多少钱。现在粉煤灰用途越来越广泛了，比如说修路、制砖、做水泥添加料，粉煤灰就资源化了，成了需要花钱买的资源。利废企业脱离政府肯定不行，必须要跟地方政府合作，比如说共同投资，给予优待的政策，土地上支持一下，税收上支持一下，解决这些原料的供应问题。

大理石矿山开采场

谈材说料：对于广大石材企业的生存发展，您的建议是什么?

齐子刚：从企业来讲，一个是自身要规范发展，要关注国家环保政策要求；再一个就是要差异化竞争，别人都在做，你也做，竞争的优势就没有了；别人没做的，或者很少数人在做的，你去做，把你的优势发挥出来。之前有家企业做传统石材，很累，赚钱很少，后来去做石材装饰画，用天然石材拼成名画，拼成各种图案，现在效益非常好。还有的企业，把陶瓷和石材复合，制造成石材陶瓷复合板，既节省天然资源，重量又轻，很顺利地打入家居市场，前景非常可观。

所以说石材企业想要生存发展，就要引领市场，而不是跟随市场。

（采访：王天恒　杨娜　章爽　文字整理：章爽）

中华人民共和国
固体废物污染环境防治法

（1995年10月30日第八届全国人民代表大会常务委员会第十六次会议通过，2004年12月29日第十届全国人民代表大会常务委员会第十三次会议修订，根据2013年6月29日第十二届全国人民代表大会常务委员会第三次会议《关于修改〈中华人民共和国文物保护法〉等十二部法律的决定》第一次修正，根据2015年4月24日第十二届全国人民代表大会常务委员会第十四次会议《关于修改〈中华人民共和国港口法〉等七部法律的决定》第二次修正，根据2016年11月7日第十二届全国人民代表大会常务委员会第二十四次会议《关于修改〈中华人民共和国对外贸易法〉等十二部法律的决定》第三次修正。）

目　录

第一章　总　则

第一条　为了防治固体废物污染环境，保障人体健康，维护生态安全，促进经济社会可持续发展，制定本法。

第二条　本法适用于中华人民共和国境内固体废物污染环境的防治。

固体废物污染海洋环境的防治和放射性固体废物污染环境的防治不适用本法。

第三条　国家对固体废物污染环境的防治，实行减少固体废物的产生量和危害性、充分合理利用固体废物和无害化处置固体废物的原则，促进清洁生产和循环经济发展。

国家采取有利于固体废物综合利用活动的经济、技术政策和措施，对固体废物实行充分回收和合理利用。

国家鼓励、支持采取有利于保护环境的集中处置固体废物的措施，促进固体废物污染环境防治产业发展。

第四条 县级以上人民政府应当将固体废物污染环境防治工作纳入国民经济和社会发展计划，并采取有利于固体废物污染环境防治的经济、技术政策和措施。

国务院有关部门、县级以上地方人民政府及其有关部门组织编制城乡建设、土地利用、区域开发、产业发展等规划，应当统筹考虑减少固体废物的产生量和危害性、促进固体废物的综合利用和无害化处置。

第五条 国家对固体废物污染环境防治实行污染者依法负责的原则。

产品的生产者、销售者、进口者、使用者对其产生的固体废物依法承担污染防治责任。

第六条 国家鼓励、支持固体废物污染环境防治的科学研究、技术开发、推广先进的防治技术和普及固体废物污染环境防治的科学知识。

各级人民政府应当加强防治固体废物污染环境的宣传教育，倡导有利于环境保护的生产方式和生活方式。

第七条 国家鼓励单位和个人购买、使用再生产品和可重复利用产品。

第八条 各级人民政府对在固体废物污染环境防治工作以及相关的综合利用活动中作出显著成绩的单位和个人给予奖励。

第九条 任何单位和个人都有保护环境的义务，并有权对造成固体废物污染环境的单位和个人进行检举和控告。

第十条 国务院环境保护行政主管部门对全国固体废物污染环境的防治工作实施统一监督管理。国务院有关部门在各自的职责范围内负责固体废物污染环境防治的监督管理工作。

县级以上地方人民政府环境保护行政主管部门对本行政区域内固体废物污染环境的防治工作实施统一监督管理。县级以上地方人民政府有关部门在各自的职责范围内负责固体废物污染环境防治的监督管理工作。

国务院建设行政主管部门和县级以上地方人民政府环境卫生行政主管部门负责生活垃圾清扫、收集、贮存、运输和处置的监督管理工作。

第二章　固体废物污染环境防治的监督管理

第十一条 国务院环境保护行政主管部门会同国务院有关行政主管部门根据国家环境质量标准和国家经济、技术条件，制定国家固体废物污染环境防治技术标准。

第十二条 国务院环境保护行政主管部门建立固体废物污染环境监测制度，制定统一的监测规范，并会同有关部门组织监测网络。

大、中城市人民政府环境保护行政主管部门应当定期发布固体废物的种类、产生量、处置状况等信息。

第十三条 建设产生固体废物的项目以及建设贮存、利用、处置固体废物的项目，必须依法进行环境影响评价，并遵守国家有关建设项目环境保护管理的规定。

第十四条 建设项目的环境影响评价文件确定需要配套建设的固体废物污染环境防治设施，必须与主体工程同时设计、同时施工、同时投入使用。固体废物污染环境防治设施必须经原审批环境影响评价文件的环境保护行政主管部门验收合格后，该建设项目方可投入生产或者使用。对固体废物污染环境防治设施的验收应当与对主体工程的验收同时进行。

第十五条 县级以上人民政府环境保护行政主管部门和其他固体废物污染环境防治工作的监督管理部门，有权依据各自的职责对管辖范围内与固体废物污染环境防治有关的单位进行现场检查。被检查的单位应当如实反映情况，提供必要的资料。检查机关应当为被检查的单位保守技术秘密和业务秘密。

检查机关进行现场检查时，可以采取现场监测、采集样品、查阅或者复制与固体废物污染环境防治相关的资料等措施。检查人员进行现场检查，应当出示证件。

第三章　固体废物污染环境的防治

第一节　一般规定

第十六条　产生固体废物的单位和个人，应当采取措施，防止或者减少固体废物对环境的污染。

第十七条　收集、贮存、运输、利用、处置固体废物的单位和个人，必须采取防扬散、防流失、防渗漏或者其他防止污染环境的措施；不得擅自倾倒、堆放、丢弃、遗撒固体废物。

禁止任何单位或者个人向江河、湖泊、运河、渠道、水库及其最高水位线以下的滩地和岸坡等法律、法规规定禁止倾倒、堆放废弃物的地点倾倒、堆放固体废物。

第十八条　产品和包装物的设计、制造，应当遵守国家有关清洁生产的规定。国务院标准化行政主管部门应当根据国家经济和技术条件、固体废物污染环境防治状况以及产品的技术要求，组织制定有关标准，防止过度包装造成环境污染。

生产、销售、进口依法被列入强制回收目录的产品和包装物的企业，必须按照国家有关规定对该产品和包装物进行回收。

第十九条　国家鼓励科研、生产单位研究、生产易回收利用、易处置或者在环境中可降解的薄膜覆盖物和商品包装物。

使用农用薄膜的单位和个人，应当采取回收利用等措施，防止或者减少农用薄膜对环境的污染。

第二十条 从事畜禽规模养殖应当按照国家有关规定收集、贮存、利用或者处置养殖过程中产生的畜禽粪便，防止污染环境。

禁止在人口集中地区、机场周围、交通干线附近以及当地人民政府划定的区域露天焚烧秸秆。

第二十一条 对收集、贮存、运输、处置固体废物的设施、设备和场所，应当加强管理和维护，保证其正常运行和使用。

第二十二条 在国务院和国务院有关主管部门及省、自治区、直辖市人民政府划定的自然保护区、风景名胜区、饮用水水源保护区、基本农田保护区和其他需要特别保护的区域内，禁止建设工业固体废物集中贮存、处置的设施、场所和生活垃圾填埋场。

第二十三条 转移固体废物出省、自治区、直辖市行政区域贮存、处置的，应当向固体废物移出地的省、自治区、直辖市人民政府环境保护行政主管部门提出申请。移出地的省、自治区、直辖市人民政府环境保护行政主管部门应当商经接受地的省、自治区、直辖市人民政府环境保护行政主管部门同意后，方可批准转移该固体废物出省、自治区、直辖市行政区域。未经批准的，不得转移。

第二十四条 禁止中华人民共和国境外的固体废物进境倾倒、堆放、处置。

第二十五条 禁止进口不能用作原料或者不能以无害化方式利用的固体废物；对可以用作原料的固体废物实行限制进口和非限制进口分类管理。

国务院环境保护行政主管部门会同国务院对外贸易主管部门、国务院经济综合宏观调控部门、海关总署、国务院质量监督检验检疫部门制定、调整并公布禁止进口、限制进口和非限制进口的固体废物目录。

禁止进口列入禁止进口目录的固体废物。进口列入限制进口目录的固体废物，应当经国务院环境保护行政主管部门会同国务院对外贸易主管部门审查许可。

进口的固体废物必须符合国家环境保护标准，并经质量监督检验检疫部门检验合格。

进口固体废物的具体管理办法，由国务院环境保护行政主管部门会同国务院对外贸易主管部门、国务院经济综合宏观调控部门、海关总署、国务院质量监督检验检疫部门制定。

第二十六条 进口者对海关将其所进口的货物纳入固体废物管理范围不服的，可以依法申请行政复议，也可以向人民法院提起行政诉讼。

第二节　工业固体废物污染环境的防治

第二十七条　国务院环境保护行政主管部门应当会同国务院经济综合宏观调控部门和其他有关部门对工业固体废物对环境的污染作出界定，制定防治工业固体废物污染环境的技术政策，组织推广先进的防治工业固体废物污染环境的生产工艺和设备。

第二十八条　国务院经济综合宏观调控部门应当会同国务院有关部门组织研究、开发和推广减少工业固体废物产生量和危害性的生产工艺和设备，公布限期淘汰产生严重污染环境的工业固体废物的落后生产工艺、落后设备的名录。

生产者、销售者、进口者、使用者必须在国务院经济综合宏观调控部门会同国务院有关部门规定的期限内分别停止生产、销售、进口或者使用列入前款规定的名录中的设备。生产工艺的采用者必须在国务院经济综合宏观调控部门会同国务院有关部门规定的期限内停止采用列入前款规定的名录中的工艺。

列入限期淘汰名录被淘汰的设备，不得转让给他人使用。

第二十九条　县级以上人民政府有关部门应当制定工业固体废物污染环境防治工作规划，推广能够减少工业固体废物产生量和危害性的先进生产工艺和设备，推动工业固体废物污染环境防治工作。

第三十条 产生工业固体废物的单位应当建立、健全污染环境防治责任制度，采取防治工业固体废物污染环境的措施。

第三十一条 企业事业单位应当合理选择和利用原材料、能源和其他资源，采用先进的生产工艺和设备，减少工业固体废物产生量，降低工业固体废物的危害性。

第三十二条 国家实行工业固体废物申报登记制度。

产生工业固体废物的单位必须按照国务院环境保护行政主管部门的规定，向所在地县级以上地方人民政府环境保护行政主管部门提供工业固体废物的种类、产生量、流向、贮存、处置等有关资料。

前款规定的申报事项有重大改变的，应当及时申报。

第三十三条 企业事业单位应当根据经济、技术条件对其产生的工业固体废物加以利用。对暂时不利用或者不能利用的，必须按照国务院环境保护行政主管部门的规定建设贮存设施、场所，安全分类存放，或者采取无害化处置措施。

建设工业固体废物贮存、处置的设施、场所，必须符合国家环境保护标准。

第三十四条 禁止擅自关闭、闲置或者拆除工业固体废物污染环境防治设施、场所；确有必要关闭、闲置或者拆除的，必须经所在地县级以上地方人民政府环境保护行政主管部门核准，并采取措施，防止污染环境。

第三十五条 产生工业固体废物的单位需要终止的，应当事先对工业固体废物的贮存、处置的设施、场所采取污染防治措施，并对未处置的工业固体废物作出妥善处置，防止污染环境。

产生工业固体废物的单位发生变更的，变更后的单位应当按照国家有关环境保护的规定对未处置的工业固体废物及其贮存、处置的设施、场所进行安全处置或者采取措施保证该设施、场所安全运行。变更前当事人对工业固体废物及其贮存、处置的设施、场所的污染防治责任另有约定的，从其约定；但是，不得免除当事人的污染防治义务。

对本法施行前已经终止的单位未处置的工业固体废物及其贮存、处置的设施、场所进行安全处置的费用，由有关人民政府承担；但是，该单位享有的土地使用权依法转让的，应当由土地使用权受让人承担处置费用。当事人另有约定的，从其约定；但是，不得免除当事人的污染防治义务。

第三十六条 矿山企业应当采取科学的开采方法和选矿工艺，减少尾矿、矸石、废石等矿业固体废物的产生量和贮存量。

尾矿、矸石、废石等矿业固体废物贮存设施停止使用后，矿山企业应当按照国家有关环境保护规定进行封场，防止造成环境污染和生态破坏。

第三十七条 拆解、利用、处置废弃电器产品和废弃机动车船，应当遵守有关法律、法规的规定，采取措施，防止污染环境。

第三节　生活垃圾污染环境的防治

第三十八条　县级以上人民政府应当统筹安排建设城乡生活垃圾收集、运输、处置设施，提高生活垃圾的利用率和无害化处置率，促进生活垃圾收集、处置的产业化发展，逐步建立和完善生活垃圾污染环境防治的社会服务体系。

第三十九条　县级以上地方人民政府环境卫生行政主管部门应当组织对城市生活垃圾进行清扫、收集、运输和处置，可以通过招标等方式选择具备条件的单位从事生活垃圾的清扫、收集、运输和处置。

第四十条　对城市生活垃圾应当按照环境卫生行政主管部门的规定，在指定的地点放置，不得随意倾倒、抛撒或者堆放。

第四十一条　清扫、收集、运输、处置城市生活垃圾，应当遵守国家有关环境保护和环境卫生管理的规定，防止污染环境。

第四十二条　对城市生活垃圾应当及时清运，逐步做到分类收集和运输，并积极开展合理利用和实施无害化处置。

第四十三条　城市人民政府应当有计划地改进燃料结构，发展城市煤气、天然气、液化气和其他清洁能源。

城市人民政府有关部门应当组织净菜进城，减少城市生活垃圾。

城市人民政府有关部门应当统筹规划，合理安排收购网点，促进生活垃圾的回收利用工作。

第四十四条 建设生活垃圾处置的设施、场所，必须符合国务院环境保护行政主管部门和国务院建设行政主管部门规定的环境保护和环境卫生标准。

禁止擅自关闭、闲置或者拆除生活垃圾处置的设施、场所；确有必要关闭、闲置或者拆除的，必须经所在地的市、县级人民政府环境卫生行政主管部门商所在地环境保护行政主管部门同意后核准，并采取措施，防止污染环境。

第四十五条 从生活垃圾中回收的物质必须按照国家规定的用途或者标准使用，不得用于生产可能危害人体健康的产品。

第四十六条 工程施工单位应当及时清运工程施工过程中产生的固体废物，并按照环境卫生行政主管部门的规定进行利用或者处置。

第四十七条 从事公共交通运输的经营单位，应当按照国家有关规定，清扫、收集运输过程中产生的生活垃圾。

第四十八条 从事城市新区开发、旧区改建和住宅小区开发建设的单位，以及机场、码头、车站、公园、商店等公共设施、场所的经营管理单位，应当按照国家有关环境卫生的规定，配套建设生活垃圾收集设施。

第四十九条 农村生活垃圾污染环境防治的具体办法，由地方性法规规定。

第四章 危险废物污染环境防治的特别规定

第五十条 危险废物污染环境的防治，适用本章规定；本章未作规定的，适用本法其他有关规定。

第五十一条 国务院环境保护行政主管部门应当会同国务院有关部门制定国家危险废物名录，规定统一的危险废物鉴别标准、鉴别方法和识别标志。

第五十二条 对危险废物的容器和包装物以及收集、贮存、运输、处置危险废物的设施、场所，必须设置危险废物识别标志。

第五十三条 产生危险废物的单位，必须按照国家有关规定制定危险废物管理计划，并向所在地县级以上地方人民政府环境保护行政主管部门申报危险废物的种类、产生量、流向、贮存、处置等有关资料。

前款所称危险废物管理计划应当包括减少危险废物产生量和危害性的措施以及危险废物贮存、利用、处置措施。危险废物管理计划应当报产生危险废物的单位所在地县级以上地方人民政府环境保护行政主管部门备案。

本条规定的申报事项或者危险废物管理计划内容有重大改变的，应当及时申报。

第五十四条　国务院环境保护行政主管部门会同国务院经济综合宏观调控部门组织编制危险废物集中处置设施、场所的建设规划，报国务院批准后实施。

县级以上地方人民政府应当依据危险废物集中处置设施、场所的建设规划组织建设危险废物集中处置设施、场所。

第五十五条　产生危险废物的单位，必须按照国家有关规定处置危险废物，不得擅自倾倒、堆放；不处置的，由所在地县级以上地方人民政府环境保护行政主管部门责令限期改正；逾期不处置或者处置不符合国家有关规定的，由所在地县级以上地方人民政府环境保护行政主管部门指定单位按照国家有关规定代为处置，处置费用由产生危险废物的单位承担。

第五十六条　以填埋方式处置危险废物不符合国务院环境保护行政主管部门规定的，应当缴纳危险废物排污费。危险废物排污费征收的具体办法由国务院规定。

危险废物排污费用于污染环境的防治，不得挪作他用。

第五十七条　从事收集、贮存、处置危险废物经营活动的单位，必须向县级以上人民政府环境保护行政主管部门申请领取经营许可证；从事利用危险废物经营活动的单位，必须向国务院环境保护行政主管部门或者省、自治区、直辖市人民政府环境保护行政主管部门申请领取经营许可证。具体管理办法由国务院规定。

禁止无经营许可证或者不按照经营许可证规定从事危险废物收集、贮存、利用、处置的经营活动。

禁止将危险废物提供或者委托给无经营许可证的单位从事收集、贮存、利用、处置的经营活动。

第五十八条 收集、贮存危险废物，必须按照危险废物特性分类进行。禁止混合收集、贮存、运输、处置性质不相容而未经安全性处置的危险废物。

贮存危险废物必须采取符合国家环境保护标准的防护措施，并不得超过一年；确需延长期限的，必须报经原批准经营许可证的环境保护行政主管部门批准；法律、行政法规另有规定的除外。

禁止将危险废物混入非危险废物中贮存。

第五十九条 转移危险废物的，必须按照国家有关规定填写危险废物转移联单。跨省、自治区、直辖市转移危险废物的，应当向危险废物移出地省、自治区、直辖市人民政府环境保护行政主管部门申请。移出地省、自治区、直辖市人民政府环境保护行政主管部门应当商经接受地省、自治区、直辖市人民政府环境保护行政主管部门同意后，方可批准转移该危险废物。未经批准的，不得转移。

转移危险废物途经移出地、接受地以外行政区域的，危险废物移出地设区的市级以上地方人民政府环境保护行政主管部门应当及时通知沿途经过的设区的市级以上地方人民政府环境保护行政主管部门。

第六十条 运输危险废物,必须采取防止污染环境的措施，并遵守国家有关危险货物运输管理的规定。

禁止将危险废物与旅客在同一运输工具上载运。

第六十一条 收集、贮存、运输、处置危险废物的场所、设施、设备和容器、包装物及其他物品转作他用时，必须经过消除污染的处理，方可使用。

第六十二条 产生、收集、贮存、运输、利用、处置危险废物的单位，应当制定意外事故的防范措施和应急预案，并向所在地县级以上地方人民政府环境保护行政主管部门备案；环境保护行政主管部门应当进行检查。

第六十三条 因发生事故或者其他突发性事件，造成危险废物严重污染环境的单位，必须立即采取措施消除或者减轻对环境的污染危害，及时通报可能受到污染危害的单位和居民，并向所在地县级以上地方人民政府环境保护行政主管部门和有关部门报告，接受调查处理。

第六十四条 在发生或者有证据证明可能发生危险废物严重污染环境、威胁居民生命财产安全时，县级以上地方人民政府环境保护行政主管部门或者其他固体废物污染环境防治工作的监督管理部门必须立即向本级人民政府和上一级人民政府有关行政主管部门报告，由人民政府采取防止或者减轻危害的有效措施。有关人民政府可以根据需要责令停止导致或者可能导致环境污染事故的作业。

第六十五条 重点危险废物集中处置设施、场所的退役费用应当预提，列入投资概算或者经营成本。具体提取和管理办法，由国务院财政部门、价格主管部门会同国务院环境保护行政主管部门规定。

第六十六条 禁止经中华人民共和国过境转移危险废物。

第五章 法律责任

第六十七条 县级以上人民政府环境保护行政主管部门或者其他固体废物污染环境防治工作的监督管理部门违反本法规定，有下列行为之一的，由本级人民政府或者上级人民政府有关行政主管部门责令改正，对负有责任的主管人员和其他直接责任人员依法给予行政处分；构成犯罪的，依法追究刑事责任：

（一）不依法作出行政许可或者办理批准文件的；

（二）发现违法行为或者接到对违法行为的举报后不予查处的；

（三）有不依法履行监督管理职责的其他行为的。

第六十八条 违反本法规定，有下列行为之一的，由县级以上人民政府环境保护行政主管部门责令停止违法行为，限期改正，处以罚款：

（一）不按照国家规定申报登记工业固体废物，或者在申报登记时弄虚作假的；

（二）对暂时不利用或者不能利用的工业固体废物未建设贮存的设施、场所安全分类存放，或者未采取无害化处置措施的；

（三）将列入限期淘汰名录被淘汰的设备转让给他人使用的；

（四）擅自关闭、闲置或者拆除工业固体废物污染环境防治设施、场所的；

（五）在自然保护区、风景名胜区、饮用水水源保护区、基本农田保护区和其他需要特别保护的区域内，建设工业固体废物集中贮存、处置的设施、场所和生活垃圾填埋场的；

（六）擅自转移固体废物出省、自治区、直辖市行政区域贮存、处置的；

（七）未采取相应防范措施，造成工业固体废物扬散、流失、渗漏或者造成其他环境污染的；

（八）在运输过程中沿途丢弃、遗撒工业固体废物的。

有前款第一项、第八项行为之一的，处五千元以上五万元以下的罚款；有前款第二项、第三项、第四项、第五项、第六项、第七项行为之一的，处一万元以上十万元以下的罚款。

第六十九条　违反本法规定，建设项目需要配套建设的固体废物污染环境防治设施未建成、未经验收或者验收不合格，主体工程即投入生产或者使用的，由审批该建设项目环境影响评价文件的环境保护行政主管部门责令停止生产或者使用，可以并处十万元以下的罚款。

第七十条 违反本法规定，拒绝县级以上人民政府环境保护行政主管部门或者其他固体废物污染环境防治工作的监督管理部门现场检查的，由执行现场检查的部门责令限期改正；拒不改正或者在检查时弄虚作假的，处二千元以上二万元以下的罚款。

第七十一条 从事畜禽规模养殖未按照国家有关规定收集、贮存、处置畜禽粪便，造成环境污染的，由县级以上地方人民政府环境保护行政主管部门责令限期改正，可以处五万元以下的罚款。

第七十二条 违反本法规定，生产、销售、进口或者使用淘汰的设备，或者采用淘汰的生产工艺的，由县级以上人民政府经济综合宏观调控部门责令改正；情节严重的，由县级以上人民政府经济综合宏观调控部门提出意见，报请同级人民政府按照国务院规定的权限决定停业或者关闭。

第七十三条 尾矿、矸石、废石等矿业固体废物贮存设施停止使用后，未按照国家有关环境保护规定进行封场的，由县级以上地方人民政府环境保护行政主管部门责令限期改正，可以处五万元以上二十万元以下的罚款。

第七十四条 违反本法有关城市生活垃圾污染环境防治的

规定，有下列行为之一的，由县级以上地方人民政府环境卫生行政主管部门责令停止违法行为，限期改正，处以罚款：

（一）随意倾倒、抛撒或者堆放生活垃圾的；

（二）擅自关闭、闲置或者拆除生活垃圾处置设施、场所的；

（三）工程施工单位不及时清运施工过程中产生的固体废物，造成环境污染的；

（四）工程施工单位不按照环境卫生行政主管部门的规定对施工过程中产生的固体废物进行利用或者处置的；

（五）在运输过程中沿途丢弃、遗撒生活垃圾的。

单位有前款第一项、第三项、第五项行为之一的，处五千元以上五万元以下的罚款；有前款第二项、第四项行为之一的，处一万元以上十万元以下的罚款。个人有前款第一项、第五项行为之一的，处二百元以下的罚款。

第七十五条 违反本法有关危险废物污染环境防治的规定，有下列行为之一的，由县级以上人民政府环境保护行政主管部门责令停止违法行为，限期改正，处以罚款：

（一）不设置危险废物识别标志的；

（二）不按照国家规定申报登记危险废物，或者在申报登记时弄虚作假的；

（三）擅自关闭、闲置或者拆除危险废物集中处置设施、场所的；

（四）不按照国家规定缴纳危险废物排污费的；

（五）将危险废物提供或者委托给无经营许可证的单位从事经营活动的；

（六）不按照国家规定填写危险废物转移联单或者未经批准擅自转移危险废物的；

（七）将危险废物混入非危险废物中贮存的；

（八）未经安全性处置，混合收集、贮存、运输、处置具有不相容性质的危险废物的；

（九）将危险废物与旅客在同一运输工具上载运的；

（十）未经消除污染的处理将收集、贮存、运输、处置危险废物的场所、设施、设备和容器、包装物及其他物品转作他用的；

（十一）未采取相应防范措施，造成危险废物扬散、流失、渗漏或者造成其他环境污染的；

（十二）在运输过程中沿途丢弃、遗撒危险废物的；

（十三）未制定危险废物意外事故防范措施和应急预案的。

有前款第一项、第二项、第七项、第八项、第九项、第十项、第十一项、第十二项、第十三项行为之一的，处一万元以上十万元以下的罚款；有前款第三项、第五项、第六项行为之一的，处二万元以上二十万元以下的罚款；有前款第四项行为的，限期缴纳，逾期不缴纳的，处应缴纳危险废物排污费金额一倍以上三倍以下的罚款。

第七十六条 违反本法规定，危险废物产生者不处置其产生的危险废物又不承担依法应当承担的处置费用的，由县级以上地方人民政府环境保护行政主管部门责令限期改正，处代为处置费用一倍以上三倍以下的罚款。

第七十七条 无经营许可证或者不按照经营许可证规定从事收集、贮存、利用、处置危险废物经营活动的，由县级以上人民政府环境保护行政主管部门责令停止违法行为，没收违法所得，可以并处违法所得三倍以下的罚款。

不按照经营许可证规定从事前款活动的，还可以由发证机关吊销经营许可证。

第七十八条 违反本法规定，将中华人民共和国境外的固体废物进境倾倒、堆放、处置的，进口属于禁止进口的固体废物或者未经许可擅自进口属于限制进口的固体废物用作原料的，由海关责令退运该固体废物，可以并处十万元以上一百万元以下的罚款；构成犯罪的，依法追究刑事责任。进口者不明的，由承运人承担退运该固体废物的责任，或者承担该固体废物的处置费用。

逃避海关监管将中华人民共和国境外的固体废物运输进境，构成犯罪的，依法追究刑事责任。

第七十九条 违反本法规定，经中华人民共和国过境转移危险废物的，由海关责令退运该危险废物，可以并处五万元以上五十万元以下的罚款。

第八十条 对已经非法入境的固体废物，由省级以上人民政府环境保护行政主管部门依法向海关提出处理意见，海关应当依照本法第七十八条的规定作出处罚决定；已经造成环境污染的，由省级以上人民政府环境保护行政主管部门责令进口者消除污染。

第八十一条 违反本法规定，造成固体废物严重污染环境的，由县级以上人民政府环境保护行政主管部门按照国务院规定的权限决定限期治理；逾期未完成治理任务的，由本级人民政府决定停业或者关闭。

第八十二条 违反本法规定，造成固体废物污染环境事故的，由县级以上人民政府环境保护行政主管部门处二万元以上二十万元以下的罚款；造成重大损失的，按照直接损失的百分之三十计算罚款，但是最高不超过一百万元，对负有责任的主管人员和其他直接责任人员，依法给予行政处分；造成固体废物污染环境重大事故的，并由县级以上人民政府按照国务院规定的权限决定停业或者关闭。

第八十三条 违反本法规定，收集、贮存、利用、处置危险废物，造成重大环境污染事故，构成犯罪的，依法追究刑事责任。

第八十四条 受到固体废物污染损害的单位和个人，有权要求依法赔偿损失。

赔偿责任和赔偿金额的纠纷，可以根据当事人的请求，由环境保护行政主管部门或者其他固体废物污染环境防治工作的监督管理部门调解处理；调解不成的，当事人可以向人民法院提起诉讼。当事人也可以直接向人民法院提起诉讼。

国家鼓励法律服务机构对固体废物污染环境诉讼中的受害人提供法律援助。

第八十五条 造成固体废物污染环境的，应当排除危害，依法赔偿损失，并采取措施恢复环境原状。

第八十六条 因固体废物污染环境引起的损害赔偿诉讼，由加害人就法律规定的免责事由及其行为与损害结果之间不存在因果关系承担举证责任。

第八十七条 固体废物污染环境的损害赔偿责任和赔偿金额的纠纷，当事人可以委托环境监测机构提供监测数据。环境监测机构应当接受委托，如实提供有关监测数据。

第六章 附 则

第八十八条 本法下列用语的含义：

（一）固体废物，是指在生产、生活和其他活动中产生的丧失原有利用价值或者虽未丧失利用价值但被抛弃或者放弃的固态、半固态和置于容器中的气态的物品、物质以及法律、行政法规规定纳入固体废物管理的物品、物质。

（二）工业固体废物，是指在工业生产活动中产生的固体废物。

（三）生活垃圾，是指在日常生活中或者为日常生活提供服务的活动中产生的固体废物以及法律、行政法规规定视为生活垃圾的固体废物。

（四）危险废物，是指列入国家危险废物名录或者根据国家规定的危险废物鉴别标准和鉴别方法认定的具有危险特性的固体废物。

（五）贮存，是指将固体废物临时置于特定设施或者场所中的活动。

（六）处置，是指将固体废物焚烧和用其他改变固体废物的物理、化学、生物特性的方法，达到减少已产生的固体废物数量、缩小固体废物体积、减少或者消除其危险成份的活动，或者将固体废物最终置于符合环境保护规定要求的填埋场的活动。

（七）利用，是指从固体废物中提取物质作为原材料或者燃料的活动。

第八十九条　液态废物的污染防治，适用本法；但是，排入水体的废水的污染防治适用有关法律，不适用本法。

第九十条　中华人民共和国缔结或者参加的与固体废物污染环境防治有关的国际条约与本法有不同规定的，适用国际条约的规定；但是，中华人民共和国声明保留的条款除外。

第九十一条　本法自 2005 年 4 月 1 日起施行。

工业固体废物资源综合利用评价管理暂行办法

第一章 总 则

第一条 为促进工业绿色发展，推动工业固体废物资源综合利用，依据《中华人民共和国固体废物污染环境防治法》《中华人民共和国循环经济促进法》《中华人民共和国清洁生产促进法》《中华人民共和国环境保护税法》《中华人民共和国环境保护税法实施条例》等法律法规，制定本办法。

第二条 本办法旨在建立科学规范的工业固体废物资源综合利用评价机制，引导企业积极主动开展工业固体废物资源综合利用。

第三条 在中华人民共和国境内开展工业固体废物资源综合利用评价，适用于本办法。

第四条 本办法所指工业固体废物资源综合利用评价是指对开展工业固体废物资源综合利用的企业所利用的工业固体废

物种类、数量进行核定，对综合利用的技术条件和要求进行符合性判定的活动。

第五条 评价工作按照自愿原则，公平、公正、公开地开展评价活动。

第六条 工业和信息化主管部门依据本办法管理工业固体废物资源综合利用评价，促进工业固体废物资源综合利用产业规范化、绿色化、规模化发展。

第七条 开展工业固体废物资源综合利用评价的企业，可依据评价结果，按照《财政部 税务总局 生态环境部关于环境保护税有关问题的通知》和有关规定，申请暂予免征环境保护税，以及减免增值税、所得税等相关产业扶持优惠政策。

第二章 管理机制

第八条 国家建立统一的工业固体废物资源综合利用评价制度，实行统一的国家工业固体废物资源综合利用产品目录（以下简称目录）。

第九条 工业和信息化部负责制定发布目录。通过目录引导企业不断提高资源综合利用技术水平，提升综合利用产品质量，促进绿色生产和绿色消费。

目录包括工业固体废物种类、综合利用产品、综合利用技术条件和要求等内容。

工业和信息化部根据工业固体废物资源综合利用技术发展水平、综合利用产品市场应用情况、产品目录的实施情况等适时调整目录。

第十条 工业固体废物资源综合利用评价机构（以下简称评价机构）依据目录开展工业固体废物资源综合利用评价。

第十一条 评价机构是指开展工业固体废物资源综合利用评价的第三方机构。列入推荐名单的评价机构应具备以下条件:

（一）独立法人，在资源综合利用评估、评价、技术服务等相关领域具有一年以上业务经验，熟悉相关产业政策、标准和规范；

（二）从事资源综合利用的专职人员不少于 8 人，从事专业包括资源、环境、财会等，评价机构人员遵守国家法律法规，有良好的职业道德；

（三）建立严格的管理制度，包括机构管理制度、评价工作规程、评价人员管理制度、专家审议制度等；

（四）与委托评价的单位在产品技术开发、生产、销售等方面不存在利益关系；

（五）省级工业和信息化主管部门规定的其他条件。

第十二条 省级工业和信息化主管部门负责发布评价机构推荐名单，并建立动态调整机制。各地应根据本区域工业固体废物种类和数量，严格评价机构推荐程序，合理确定评价机构数量，并将评价机构推荐名单报工业和信息化部备案。

第十三条 评价机构依据本办法及省级工业和信息化主管部门发布的实施细则等开展工业固体废物资源综合利用评价，出具工业固体废物资源综合利用评价报告。评价机构对评价报告负责，并承担责任，接受监督。

第十四条 工业和信息化部组织成立由行业有关专家组成的工业固体废物资源综合利用技术委员会（以下简称技术委员会）。技术委员会负责协调工业固体废物资源综合利用评价过程中的重大技术问题，提出目录调整建议，对相关标准制订、信息统计等工作提供技术支撑。

第三章 评价程序

第十五条 企业自愿开展工业固体废物资源综合利用评价。

第十六条 开展工业固体废物资源综合利用评价的企业应向评价机构提交以下资料：

（一）企业营业执照复印件；

（二）企业近两年生产经营情况说明（包括但不限于企业基本情况、经营规模、综合利用工业固体废物种类、产品产量、年产值等）；

（三）工业固体废物产生、采购（或接收）、消耗、库存及产品生产、出库、外销的相关报表；

（四）工业固体废物原料掺量证明材料；

（五）产品标准及工艺技术说明；

（六）产品质量检测报告；

（七）质量、环境管理体系，物质计量统计体系等相关管理体系建设情况；

（八）需要的其他证明材料。

第十七条 评价机构对企业提交的资料进行完整性和准确性审查，对企业生产过程与提交资料的一致性进行现场核查，确定综合利用工业固体废物的种类和数量。

第十八条 评价机构的评价内容包括：

（一）企业生产工艺、技术是否符合产业政策、技术规范；

（二）企业综合利用的工业固体废物种类、产品是否符合目录要求；

（三）企业是否建立质量保证体系、环境管理体系；

（四）企业物质计量统计体系建设情况是否满足对工业固体废物资源综合利用量的核算要求；

（五）工业固体废物资源综合利用量的物料衡算过程是否准确；

（六）需要评价的其他情况。

第十九条 评价机构根据资料审查和现场核查情况向企业出具评价报告，作为企业工业固体废物资源综合利用的评价结果。评价报告内容主要包括企业基本情况，工艺技术介绍，计量统计体系建设情况，产品质量控制情况，企业自身产生的工业固体废物分种类的综合利用量、企业接收的工业固体废物分种类的综合利用量及相关的物料衡算过程，存在问题及建议等。

第二十条 列入推荐名单的评价机构应按照相关政策制定并公开工业固体废物资源综合利用评价收费标准。

第二十一条 评价机构应在评价报告完成后三十日内，将评价报告报被评价企业所在地县级以上工业和信息化主管部门备案。

县级以上工业和信息化主管部门在其网站上按下列项目予以公布：企业名称，工业固体废物综合利用的种类与数量，综合利用产品名称，评价机构名称。

第四章 监督管理

第二十二条 工业和信息化部负责对全国工业固体废物资源综合利用评价工作进行指导和管理。

第二十三条 省级工业和信息化主管部门负责监督管理本辖区工业固体废物资源综合利用评价工作，依据本办法制定实施细则。

第二十四条 省级工业和信息化主管部门加强对评价机构的监督管理。有下列情况之一的，应从评价机构推荐名单中予以删除：

（一）申请列入评价机构推荐名单时提供虚假资料、信息的；

（二）评价过程中提供虚假资料、信息，造成评价报告严重失实的；

（三）不能保证评价工作质量的；

（四）不接受监督管理的；

（五）其他违背诚实信用原则的。

第二十五条 省级工业和信息化主管部门应建立统一的省级信息管理系统，并逐步接入工业和信息化部信息管理系统。按季度对本辖区综合利用的工业固体废物种类、综合利用量、综合利用产值、减免税额等进行汇总，自季度终了三十日内报工业和信息化部。每年 3 月 31 日前将上一年度综合利用情况形成报告报工业和信息化部。

第二十六条 任何组织和个人发现工业固体废物资源综合利用评价中的违法违规行为，有权向当地工业和信息化主管部门或相关部门举报。

第二十七条 对工业固体废物资源综合利用评价活动中的违法行为依照相关法律、行政法规和部规章等予以处罚。

第五章 附 则

第二十八条 本办法自发布之日起施行。

后记　被赋予不平凡

从小到大，我都没有想到会做这么了不起的事情。

小时候，几乎每个班里都会有一两个胖子，很不幸，我就是其中一个。我学业也不优秀，挫败感贯穿童年，沉默是我的标签。我爷爷用报销药费的81元，为我买了一套世界文学名著，于是我读了很多奇异的“故事”，比如古希腊的《荷马史诗》，印度的《罗摩衍那》，日本的《源氏物语》，俄罗斯的《静静的顿河》等等，这些书在我心里刻下了美的印记。

如今我做了与书有关的事情，做了图书编辑，这对一个只有在书里才能找到快乐的人，等于是实现了梦想，幸运至极。然而，这并不是结局，“苦难”才刚刚开始。日本拍了一部剧叫做《校对女孩》，女主角衣服漂亮，妆容精致，为了验证一座桥的名字就可以美美地出一趟差，身边围绕的红透全国的小说家透着一股知性的帅……看得我几度喷饭。

生活远比电视剧精彩。真实的编辑生涯其实是这样的：做着最基本最繁重的编辑校对工作；开发票填单子这种事务性工作离不开身；不时出差组织首发式，既是会务，又是主持，还兼着约稿联络人，发完名片、见完作者，转身又在会场卖起书来；图书评奖申报与结题，算盘打得啪啪响；写各种宣传微信，搜肠刮肚，黔驴技穷；作者拖稿无限期，只能拿笔自己上，查资料找图片联系企业招赞助，样样精通；加班熬夜是常事，管他什么黑眼圈、大眼袋，按时交工才畅快。凌晨三点关电脑，一摸身旁，孩子尿了……

“苦难”并没有结束，最近我们“谈材说料”正在办一场沙龙。说实话，我在写这篇文章的时候，依然处在水深火热之中。从什么都没有，到做出一本书，这个过程只有10天，我现在正在为这本书写后记。这是神话吗？不是，这是我们编辑部的常态。我总是对新编辑说，别担心，下个月就轻松了，可是我每个月都在说这句话。我们的“时尚女魔头”站在身后，激扬文字，指点江山，每当在我们快要懈怠的时候，总能在我们的头上及时地“敲打”一下，让我们即刻清醒，奋起直追。

回头看看自己做编辑的这10年，我从一个沉默被动、容易紧张、担心被拒、错误百出的菜鸟编辑，变成一个自信主动、乐观开朗、不惧发言还动笔写书的部门负责人。这样的蜕变，我自己都惊讶。

我知道，我们在经历“苦难”的同时，也被赋予了不平凡，正是一个接一个的“苦难”，练就了我们一身钢盔铁甲。

感恩。

中国建材工业出版社材料工程编辑部负责人 王天恒

中国建材工业出版社

中国建材工业出版社成立于1990年，是由原国家部委创建的中央级出版机构，现由经济日报社（集团）主管，为工信部指定的建材行业标准出版机构。

根据“善用资源，多元发展”的办社理念，我社目前内设材料工程编辑部、建设工程编辑部、教材教辅编辑部、园林古建编辑部和市场营销部、网络营销部等业务部门，同时主办《墙材革新与建筑节能》等公开出版发行的专业期刊，全面提供图书出版、物流配送、宣传推广、图文设计、会议培训、业务咨询、定制出版等综合文化服务。

中国建材工业出版社官方微信公众号为综合信息服务平台，面向专业人士推介本社新书，解读行业政策，发布活动消息，曾荣获“出版社类·大众喜爱的阅读微信公众号”。

谈材说料

中国建材工业出版社微信公众号“谈材说料”着眼于传播材料科技，提供行业资讯，陈述专家观点，展示企业风貌，推介相关图书，为行业机构、专家学者、企业及高校提供交流平台。

联系方式：
材料工程编辑部：010-88385207
建设工程编辑部：010-88386119
教材教辅编辑部：010-88364778
园林古建编辑部：010-88376510
市场营销部：010-88380892
网络营销部：010-88376512
综合管理部：010-68343948

本社官网

本社微店

本社淘宝一店

本社淘宝二店

谈材说料介绍

中国建材工业出版社公众号“谈材说料”着眼于传播材料科技，提供行业资讯，陈述专家观点，展示企业风貌，推介相关图书，为行业机构、专家学者、企业及高校提供交流平台。欢迎您加入我们！

谈材说料团队人员（从左至右）：章爽 张巍巍 杨娜 王天恒 王萌萌 李春荣

中海胜景

高性能混凝土材料和工程技术服务商

混凝土创造世界　我们创造混凝土

水泥成就混凝土　我们成就水泥

公司简介

北京中海胜景科技有限公司主要从事水泥等大宗商品贸易及金融投资业务。十几年来，公司在水泥领域与各大水泥企业集团以及中铁建、中铁工、中交集团等大型建筑施工企业建立了长期的合作关系，为华北地区、华南地区的高铁、高速公路等几十项国家重点工程项目供应水泥，积淀了丰富的行业经验和广泛的人脉资源。公司一贯奉行专业、人文、求真、践行的企业文化，以独具优势的产品和尽善致诚的服务，赢得了业内良好的口碑。

核心优势

- 技术团队：团队成员来自清华大学、北京交通大学、中国建筑科学研究院等机构，拥有丰富的理论和实践经验以及较强的科技研发水平。
- 主要产品：中海胜景自主研发高性能耐久抗裂水泥

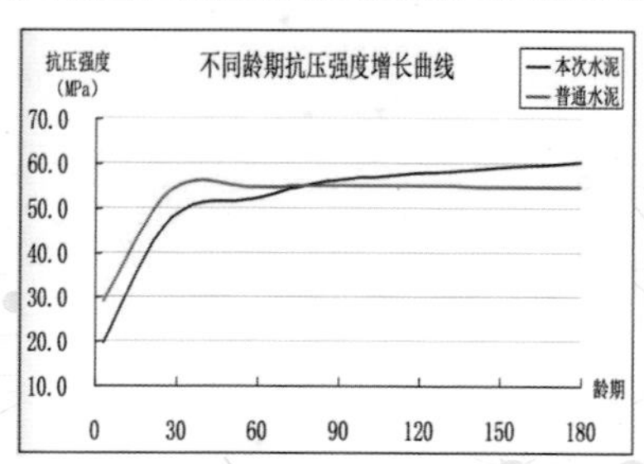